有機農業と慣行農業

土と作物からみる

松中照夫
Teruo MATSUNAKA

農文協

はじめに

土と食べものについて、農家と消費者が話しあう会合に招かれた。10年ほど前のことである。その場で、私は化学肥料の適切な利用について話題提供した。会合が終わった後、ある農家から声をかけられた。「化学肥料や農薬を使う慣行農業をこれまでずっとやっているのだが、なんとなく有機農業をしている人たちに対して肩身が狭い思いを感じていた。しかし、話を聞いて、堆肥も化学肥料も使い方次第なのだと気づき、気持ちが楽になった」とのことだった。有機農産物は人の健康に良く、慣行農産物は健康に悪いのではないか、という思いにずっととらわれていたのだそうだ。

農産物を同じように生産しているのに、慣行農業を営む農家が肩身の狭い思いを持つとは、不幸なことだとつくづく思った。そうした状況をわが国にもたらすのは、有機農業と慣行農業との間に、なぜか分断の垣根があるからだ。この分断の垣根を取り払いたい、それが本書の執筆動機である。

私たちの祖先が食料確保のために、農耕を開始したのはおよそ1万年前とされている。以来、人は身の回りにある有機物を利用して作物を栽培してきた。堆肥はその有機物の一つで、現在につながっている。それに比べ、化学肥料はわずか１８０年前に登場したばかりの新資材にすぎない。その新資材に対する安心感が、農耕開始からつきあってきた堆肥への安心感に勝てるわけがない。化学合成農薬にいたっては、20世紀に入ってからの新参者。そして、その誤った使用で人的被害が発生するにいたり、使用そのものを疑問視する農家や消費者も多い。

堆肥も化学肥料も農薬も、その利用目的は、作物をより良く生育させ、高品質で収穫量を増やすことにある。これらの資材で問題が発生するとすれば、原因は資材そのものにあるのではなく、使用方法にあるのではないだろうか。たとえば、有機農業でも堆肥を必要以上に与えると、作物の品質や、土、地下水、大気などの環境に悪影響をおよぼすにちがいない。それゆえ、有機農業は、環境への影響や農産物の品質において、慣行農業よりも無条件で優れていると考えてよいのだろうかと思う。

有機農業と慣行農業に、分断の垣根をつくる考え方に、私は異論を唱えたい。慣行農業にはわが国の基幹農業として、大多数の国民に食料を安定して供給する役割があると期待している。有機農業には有機農産物を必要とする人たちに食料を提供する重要な役割がある。どちらかの農業ではなく、どちらも大切な農業であるとの私の思いを、読者が共有してくれるなら、この上ない喜びである。

　農文協編集部の後藤啓二郎氏と蜂屋基樹氏には、本書の出版にご尽力いただいた。また西森信博氏の強力な編集の労がなければ、本書は完成しなかっただろう。本書は西森氏との共同作業の結果である。北海道南幌町の白倉崇史（たかふみ）氏・まり子氏ご夫妻には、イネつくりの一年の作業や気配りを、こと細かく教えていただいた。スリランカのＮＰＯ法人アプカスで活動されている石川直人氏と伊藤俊介氏にも、アプカスの活動の詳細をお伺いした。酪農学園大学の澤本卓治教授には、本書に引用した文献資料の収集で格別にお世話になった。こうした皆さんのご支援に対して、心から深く感謝の気持ちを表したい。

　私の健康を支え、仕事に集中できる環境を忍耐強く整えてくれた家族と妻に、改めて感謝したい。恩師、岡島秀夫北大名誉教授の変わらぬご薫陶に対して心から謝意を記したい。先生は本書の原稿執筆を開始して間もなく、95歳で天に召された。ご在天の先生に編集者西森氏とともに本書を捧げる。

厳寒の北海道・恵庭にて

松中照夫

２０２３年2月

目次

はじめに——1

1章 そのお話は思い込み？

1 堆肥をまかなきゃ土はできない？——10
わが家の家庭菜園 10／家庭菜園講座での経験 11／堆肥は土づくり万能薬 12／堆肥といってもいろいろ 13

2 食への多様なこだわり——14
土を大切にしたいと願う施設で—巨大トマト水耕栽培の不思議 14
水耕栽培の野菜と有機栽培のコーヒー 16／フードファディズム 16
牛乳有害説のてん末と思い込みの怖さ 17／食べものに対する安心は感情が支配する 18

3 健康な土、健康な食べもの、健康な体——19
健土健民と身土不二の思想 19／健康な体は多様な要件でつくられる 20

4 食べものへの思い込みはどこから来る？——20
メディアやネット情報の影響 20／有機自然栽培の作物でアトピーが消えた 22
人工環境の植物工場で育つ野菜は味が濃く新鮮 23／メディアで報道されない農業の役割 23
農業にもいろいろ、分断して考えない 24／先祖から受け継ぐ本能が思い込みをつくり出す 25

2章 作物の養分とその吸収・利用—有機農業と慣行農業、何かちがうのか

1 作物も養分なしでは生きていけない——28

2 植物の養分とは何かを探し求めた歴史——29

ギリシャ哲学の時代 29／水が養分—ヘルモントの実験 31

養分は無機物（ミネラル=灰分）—ウッドワードとシュプレンゲル 31／土に含まれる有機物が養分 33

土の粒子が養分—タルの理論 33／有機栄養説と無機栄養説 34／テーヤの有機栄養説 35

シュプレンゲルとリービヒの無機栄養説 36／論争の決着—植物の養分は数種の無機物、有機物利用を否定しない 37

3 土の生き物が有機物を植物の養分に変える——38

4 植物の養分は何か？—必須養分の探求——40

5 養分が植物の根から吸収される形態——42

水に溶けて目に見えないイオンとは何か 43

6 養分イオンを土が保持するしくみ——45

土の負荷電は2種類 46／土の正荷電はすべて酸性条件で発生する荷電 46

土は全体としてみると負荷電のほうが多い 47

7 植物が根から水や養分を吸収するしくみ——48

植物の細胞は細胞膜と細胞壁で包まれている 48／細胞膜内に入るための最後の関門—カスパリー線 50

細胞膜の機能と水の吸収—浸透圧と水の輸送タンパク質 51

養分イオンが細胞膜を通過して吸収されるしくみ—輸送タンパク質と能動輸送 52

養分吸収の最後の仕上げは道管への移動 53

8 養分吸収の例外的なしくみ――54
難溶性リンからのリン吸収のしくみ 54／難溶性鉄からの鉄吸収のしくみ 55
有機物の吸収を担当する輸送タンパク質の発見 56
9 植物による窒素利用のしくみ―植物に必須アミノ酸はない――57
体内でアミノ酸が合成されるしくみ 57／必要な外部原料はアンモニウムイオンだけ 58
硝酸イオンからアミノ酸が合成される過程 59／アンモニウムイオンの過剰蓄積を防ぐしくみ 60
10 有機物か無機物か、養分の形態を対立的に考える必要はない――61
植物は吸収する養分の養分源を問わない 61／有機態の必須養分は発見されていない 62

3章 食べものが生産される場としての土

1 原始地球に土はなかった――66
土が地球に誕生するまで 66／地球の「皮膚」が陸上生物の命を支える 68／環境が土をつくる 69
2 人が土を管理し、農地を守る――72
農業の開始―人類の環境破壊の始まり 72／農地の作物生産力と土の肥沃度 73
3 土の肥沃度はどう維持されてきたのか―田んぼと畑の比較――74
湛水して連作できるイネつくり―畑との決定的なちがい 75
湛水状態がつくり出す土の肥沃度にかかわる四つの効果 76
湛水がつくり出す国土保全―土壌侵食の防止 77

畑の土の肥沃度を維持するために考え出された輪作の歴史　78／三圃式輪作　79／穀草式輪作　81
ノーフォーク農法（輪栽式農法）　81／ノーフォーク農法の課題　83／ヨーロッパの輪作の歴史が教えること　83

4　土は誰のものでもない社会の共有財産である ―― 84

地球環境を守る土の役割　84／人間の生産活動の中心を農業から工業へ転換させた産業革命　84
自然から預かった土を次世代につなぐ　86

［コラム］農作物に込められた労力と手間―コメを例に

田植えに使う苗づくりの種まきまで　90／育苗箱への種まき　91
その年のイネのでき方を決める苗づくり―理想の苗を目指して　92／田植えの準備作業　93／田植え　94
田植え後の田んぼの管理　94／イネ刈りからコメができるまで　97／イネ刈り後の田んぼの管理　98

4章　農業を有機農業と慣行農業に分断しない

1　有機農業とはどんな農業か ―― 104

国際的な有機農業の定義と基礎となる四つの原理　105／わが国の有機農業と有機農産物　106

2　有機農業は慣行農業より優れているか―研究のメタ分析による評価 ―― 107

有機農業と慣行農業を比較するのは難しい　107／有機農業は慣行農業より環境に優しい農業か　108
有機農業と慣行農業で作物生産性の比較　111／有機農産物の品質は慣行農業の農産物よりも優れているか　114

3　有機農産物の品質が慣行農産物とちがう特徴を持つのはなぜか ―― 118

与えた窒素量が同じでもすぐに吸収できる窒素量は大きくちがう　118
植物体内のタンパク質と炭水化物がトレードオフの関係となるしくみ　119
養分吸収からみると有機農業と慣行農業の区別はない　121
抗酸化物質含量が高いのはストレスに対する植物の自己防衛の結果　122

4　有機農業が生物の多様性を豊かに保全するということの意味――123

生物多様性の保全に配慮する農業が有機農業　124
慣行栽培でも生物多様性と作物生産とはトレードオフの関係　125
有機農産物の付加価値を認めて正当な対価を支払う　126

5　有機農産物の付加価値を社会事業に発展させたＮＰＯの事例から学ぶ――128

貧困層小規模農家の支援活動　129／牛銀行方式の導入で堆肥生産が可能となる　130
有機野菜の仕入れ販売ブランドとしての Kenko 1st Organic（健康第一オーガニック）　130
有機野菜販売の拡大と自社生産活動　132／社会貢献としての視覚障がい者の支援活動　132
新型コロナウイルス感染症の影響を超えて　133

5章　有機農業と慣行農業――それぞれの養分源の弱点

1　有機農業の養分源・堆肥の弱点――138

作物の養分移転資材として登場した堆肥　138／家畜を利用する堆肥づくりには土地が必要　139
農業不況が代替養分を要求した　141／ノーフォーク農法から学ぶ堆肥づくりの課題　142
堆肥づくりの弱点を考慮しない「みどりの食料システム戦略」　143

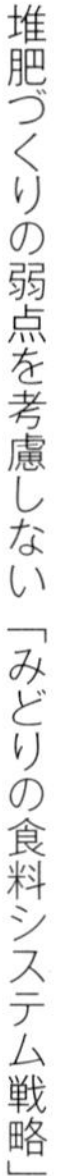

2　慣行農業の養分源・化学肥料の弱点――144
化学肥料の登場と不安　144／化学肥料だけで180年間、コムギは正常に生育している　146
人口爆発を支えた食料増産と化学肥料の貢献　149／緑の革命―その功罪　150
化学肥料の最大の弱点―原料となる資源の枯渇　152
3　原料を輸入に頼るわが国の化学肥料生産の弱点――157
4　堆肥や化学肥料の弱点を補強する基本―養分循環型農業――159

6章　誰もが安心して食べていくために

1　有機農業へのこだわりと農業の多様性――162
2　フェアトレードの精神―有機農業を支援するために――164
3　国民の誰もが安心して食べられる社会をつくるのは国の役割――165
4　慣行農産物の適正価格―「安ければよい」のか――166
5　食品ロスと食生活―食べものへの倫理観――167

おわりに――170
引用文献――175

＊文中の肩付き番号は、文献等からの引用です。出典先は、175ページの引用文献を参照ください。
また、一部の図表の出典先は172ページをご覧ください。

1章

そのお話は思い込み？

私たちが、自身の健康に気をつけるというのはごく自然なことだろう。健康を維持するためには、適度な運動と食生活が重要だ。栄養をとるために、食べものに関心が向かう。健康食品とか、健康のためのサプリメントといったものが出回るのは、その健康への関心を裏づけている。有機認証を受けた有機農産物も健康に良い、というイメージが広く浸透している。とくに有機農産物に対して強い期待を持つ消費者には、わが国の農家が化学合成農薬（注1）（以下、本書では単に農薬と記す）や化学肥料を使って生産する農産物に対して、悪いイメージを持つ人もいる。

こうした食べものに対するイメージというのは、いったいどうして人々に形成されていったのだろうか。こうしたイメージは、科学的な根拠に基づいているのだろうか。それとも、単なる思い込みなのだろうか。まずは、そのことから考えてみたい。

1 堆肥をまかなきゃ土はできない？

わが家の家庭菜園

家庭菜園は楽しい。私が住む北海道では雪の季節が長い。長い冬を過ごした後、待ちこがれた春がやって来る。陽光が菜園の雪を解かし、土を少しずつ乾かす。そしてゴールデンウィークが終わるころから、家族揃って菜園の作業を始める。子供たちと土にまみれて作業した。この春の喜びは、雪国の長い冬に耐えたことへの自然からのご褒美なのだ。ジャガイモ、ホウレンソウ、ニンジン、スイートコーン、ダイズ（枝豆用）、サヤインゲン、ダイコンなど、素人でも栽培しやすい作物を選び、少しずつ暖かくなるにつれて小さな菜園に種を播（ま）いていく。今から40年ほど前、若かりしころの楽しい思い出である。

その小さな家庭菜園に種を播く前、堆肥を与えるということはしなかった。自前で堆肥をつくっていないのと、その当時は今のようなホームセンターがなく、堆肥は販売されていなかったからである。菜園の土は火山灰に由来する土（黒ボク土）だった。その名の通り黒々とした色の土で軽く、土の扱いが楽だった。種まきするところの土をすじ状に浅く溝を切る。そこに作物ごとに必要量をはかり取った化学肥料をまき、軽く土と混ぜ合わせる。これが種まき前の私の作業だ。

夏から秋にかけてそれなりの実りを収穫し、自然の恵みに感謝した。土の中に隠れているジャガイモを掘り出すと、イモだけでなくミミズも現れる。わが家の子供たちは出てきたミミズを泥まみれの素手でつかんで遊んでいる。北海道のジャガイモは、ゆでるとデンプンの粉をふく。食べるとホクホクとおいしい。バターをまぶして食べたなら、それはまさに北海道の大自然を思わせる。そのジャガイモを本州各地に住む親類や知り合いに送った。大変な作業だった。しかし、結果として大勢の人に喜ばれるので、その期待を裏切るわけにはいかない。私が家庭菜園を続けられた大きな理由である。

家庭菜園講座での経験

時が過ぎ、気づけばあちこちの家庭菜園講座で「土づくり」の話をするようになっていた。参加者の多くは還暦前後くらいの方々で、家庭菜園愛好者が多かった。私の話の内容は、家庭菜園の土が作物にとって良い土であるかどうかを判定する方法を解説することだった。

私が考える作物にとって良い土とは、以下の4条件、すなわち、①作物の根を確実に支えることができるように、厚くやわらかな土が十分にある、②適度に水を保持し、なおかつ適度に排水が良い、③土が極端な酸性やアルカリ性を示さない、④作物に必要な養分を適度に含んでいる、ということを兼ね備えた土である。[1] それぞれの条件の具体的な目標値を提示し、それと比較して、菜園の土が作物にとって良い土であるかどうかが判定できるようにした。とくに、現状と目標値とのちがいが最も大きい条件を見つけることが大切である。その条件が作物の生育を最も阻害する条件だからである。そしてその条件から優先して改良していくようにお話しした。そのための具体的な改良方法も説明した。

私の話が終わったところで、質疑応答の時間。さすがに熱心な方たち、すぐに手が挙がりたくさんのご意見をいただいた。

「家庭菜園の土づくりの基本は堆肥である。まずは堆肥をしっかり与えなければならない。与える堆肥は完熟堆肥にかぎる。堆肥が作物の品質を良くし、収量も多くしてくれる。堆肥を入れないで作物を栽培するのは考えられない」とのこと。私の話のなかで、堆肥を入れることを必須条件に含めていないことへのご意見だった。私は自身の経験から、堆肥を生産するのが大変だったので、「ご指摘になった完熟堆肥はご自分で生産されているのですか?」とお聞きした。すると「自分では生産していない。近くのホームセンターで牛ふんバーク堆肥（注2）を買ってきて使っている。化学肥料は一切使用しない」とのご回答だった。こんなやりとりの他に、「化学肥料を使うと土が死ぬ。ミミズがいなくなる」「化学肥料を使うと、作物が病虫害を受けやすくなる」だから化学肥料を使いたくないというようなご意見も、家庭菜園講座ではよくお聞きした。どうやら私の話のなかで、堆肥を使うことに力点を置いていないことがご不満のようだ。皆さんのご指摘はご自身の実感なのだろう。

堆肥は土づくり万能薬

ただ、こうしたご意見がそのとき1回かぎりのことではなく、その後の講座でも同じような指摘を何度も受けた。インターネットで「家庭菜園、土づくり」を検索すると、さまざまな記事が出てくる。

そのどれもが、「土づくりに、まずは堆肥、この作業から始まる」というような意味のことが決まって書かれている。まさに土づくりとは、堆肥を与えることという感じである。「堆肥を入れると、土の中の微生物が元気になってくる。ミミズが現れて来る。そんな土こそ野菜づくりに適した土である」といった記述も多い。どうやら、堆肥は家庭菜園の土づくりのための万能薬になっているようだ。

堆肥といってもいろいろ

このようなご意見を表面的に受け取るとなんの疑問も持たないかもしれない。しかしよく考えてみると、堆肥といってもいろいろな種類がある。ホームセンターで販売されているものから、自宅で出てくる生ゴミを堆肥にして利用する消費者だっているだろう。どんな堆肥を菜園やプランターにどのくらい入れると土の微生物が元気になり、ミミズが現れて来るのだろうか。そういう具体的なことは書かれていない。

そもそも、微生物が元気になるとは何をもってそう判断するのだろう。土の微生物の元気さを、作物の生育の良し悪しだけでは判断できないように思う。作物の生育の良し悪しはいろいろな要因の影響を受けた結果であり、作物の生育が良かったことが微生物の元気さのおかげであるとはいえないからだ。また、家庭菜園講座でいただくご意見によれば、化学肥料を使うとミミズは死ぬはずである。しかし、わが家の家庭菜園では、化学肥料だけしか使っていないのにミミズが現れてくる。これはなぜなのか。「化学肥料を使うと」さまざまな害があるとのご意見なのだが、いったいどんな化学肥料をどれくらい使ったらそのような被害があるのだろうか。そんな疑問も出てくる。しかも農家ではない消費者の皆さんが堆肥を入手するには、生ゴミ堆肥など堆肥を自前で生産されている方を除き、ホームセンターなどで買い求めることになる。そのとき、ホームセンターに山積みされているいろいろな種類の堆肥の中から、ご自分の家庭菜園に最適の堆肥をどのように選択し、必要量をどんな基準で判断して購入されているのか。家庭菜園講座でご意見をいただいた方が使用しているという牛ふんバーク堆肥が完熟堆肥だといえるのだろうか。そもそも完熟堆肥とはどのような堆肥を意味しているのか。

こんなたくさんの疑問があるにも関わらず、菜園愛好者の多くの皆さんが「土づくりには堆肥」ということに、強くこだわるのはなぜなのか、私はそこが気になった。「堆肥をまいて土づくり」とか「土づくりは完熟堆肥から」「化学肥料は良くない」というようなご意見は、ベテランの家庭菜園愛好者の経験に基づくお話である。だから説得力が大きい。このため、講座に集まる皆さんの頭の中に、こうした話が知らず知らずのうちに刷り込まれていく可能性はある。この他、同じような内容のことがテレビで取り上げられていたとか、インターネットや新聞に書いてあったという話もよく聞く。そうしたメディア情報が必ずしも科学的根拠に基づいていないとしても、科学的根拠に基づいためんどうくさい私の説明よりも受け入れられやすい。そのようなことが、堆肥への思い込みを強めているのだろうか。

2 食への多様なこだわり

土を大切にしたいと願う施設で—巨大トマト水耕栽培の不思議

北海道恵庭市にある観光施設「えこりん村」は、安全な食を提供し、食を通じて地域や文化が豊かになること、食を育(はぐく)む人とそれを食べる人がともに幸せになれることを目指して運営されている。そのえこりん村で「ふゆみずたんぼ」の実験栽培が２００６年から始まった。イネ刈りの終わった冬も田んぼに水を張り続けることで、水中の微生物の働きを高めて生態系を豊かにし、イネに必要な栄養

図1　とまとの森（北海道恵庭市，えこりん村）
水耕栽培による世界一大きなトマトの木

分をつくり出して、農薬や化学肥料に頼らずイネを育て、コメをつくろうという試みである。環境を整えれば、農薬や化学肥料がなくても土や水や太陽が作物を育ててくれるという自然と共生する農業によって、安全な食が生まれるという思いがそこに込められている。[2)]

そのえこりん村に少し変わった施設がある。「とまとの森」である【図1】。1粒の種から育った1株から、2万個近くのトマトが収穫される施設だ。2013年には世界一大きなトマトの木として世界記録に認定された。2022年のトマトの収穫個数は2万1954個だった。[3)] このトマトは水耕栽培で育てられている。水耕栽培とは土を排除し、植物の根を水槽に浸して栽培する方法である。トマトのストレスをできるだけなくし、トマト本来の能力を最大限に引き出すため、その水槽にはポンプで空気が送りこまれ、温度や酸性度（pH）、栄養分などを常に一定に保った培養液が根の周りで流動している。施設の説明パネルによれば、トマトの根は栄養分をいつも十分に含む水槽の中で、土という障害もなく思う存分伸びることができるという。こうしてストレスフリーとなったトマトは、ハウス内で太陽光をしっかりと浴び、水、養分、空気を自由に吸収でき、通常の土で栽培されるときよりも早く、大きくなってたくさんの実をつけるのだ。

もともと、えこりん村では、農薬や化学肥料を使わなくても、環境を整えれば土や水や太陽が作物を育ててくれるという思いがある。ところが、とまとの森では、その大切にしているはずの土が根の障害になるという理由で取り除く対象になっている。しかも、水に溶かした養分は、土を使って栽培するときに使用する化学肥料が水に溶けたものと同じである。これでは、化学肥料に頼らないでイネを育てたいという「ふゆみずたんぼ」の意識と相反している。えこりん村が本当に大切にしたいのはいったい何なのか、理解しきれず混乱する。

水耕栽培の野菜と有機栽培のコーヒー

水耕栽培の野菜が有機栽培のコーヒーと共存しているところもある。えこりん村と同じ恵庭市にあるレストラン、リ・リーフ（Re:Leaf）である（注3）。野菜を無農薬で水耕栽培する植物工場と、北海道産コムギをブレンドした国産小麦１００％使用の焼きたて食パン工房が、レストランの1階に併設されている。水耕栽培されたリーフレタスや香味野菜などが盛りだくさんの料理に、焼きたての食パンは最高においしかった。ところが、そのレストランの食後のコーヒーは、「農薬や化学肥料を使わない有機栽培のコーヒー豆を使っているので、健康にとても良い」といわれてテーブルに出された。

ここでも健康に有機栽培が良いとこだわる一方で、有機栽培とは対極にある水耕栽培の野菜が、新鮮で健康に良いと提供されている。化学肥料を排除した有機栽培の食べものと、化学肥料を受け入れた水耕栽培の食べものが、なんの矛盾もなく「健康に良い」と提供され、消費者に受け入れられていることが、私には不可解だった。

えこりん村とリ・リーフの事例とそこでの人々の様子を見ていると、食べものに対するこだわりというのは、単にそれぞれの人の「好み」というだけのことなのかもしれない。有機栽培と水耕栽培がどうちがうかなど、そこに特段の理由を求めてはいないのだろう。私には不思議だった。

フードファディズム

食べものへの思いは人それぞれだろう。誰もが何でも食べられるというわけではない。アレルギー体質のために食に敏感にならざるを得ない人、特定の酵素が欠損してしまって牛乳・乳製品を食べられない人、宗教上の理由で特定の食べものを食べない人、まさにいろいろである。だからこそ、食べものには安全だけでなく安心も求められる。とくに自身の健康にとても敏感な人や、食品の安全性に不安を持つ人たちは、自分が口にする食べものの健康への有効性に対して過度に期待をよせがちになる。しかし、このような人たちが持つ食べものへの不安をいたずらに煽り立て、科学的な根拠のない誤った情報を信じ込ませて商品の宣伝に悪用し、ひと儲けを画策する人たちもいる。

特定の食べものや食品成分が健康に与える効果について、科学的検証を加えず誇大に評価し、誤った情報にも関わらず、それを熱狂的に正しいと信じこませること、それがフードファディズムである。健康効果をうたう食品を、これさえ食べれば健康問題が解消するかのように大々的に宣伝し、その結果、その食品が大流行して爆発的に売れるといった現象が典型的な例だ。この他、いわゆる健康食品、健康補助食品などを対象に、これさえ食べれば「元気になる、若返る、病気がなおる」などといいふらし、信用させて販売することなどもフードファディズムといえる。さらに特定の食品に対して、その食品が体に悪いと決めつけ、攻撃し排除しようとすることもある。「牛乳有害説」は、まさにその一例である。

牛乳有害説のてん末と思い込みの怖さ

２００５年に出版された『病気にならない生き方』（サンマーク出版）で、著者の新谷弘実医師は、「牛乳タンパク質は消化が悪い、牛乳を飲むと骨粗しょう症になる、牛乳の脂肪はさびた脂肪（過酸化脂肪）である、アトピーや花粉症が増えた原因は学校給食の牛乳にある、市販の牛乳を仔牛に飲ませると死んでしまう、牛乳は仔牛のためのもの、人間が飲むのは摂理に反する」などと、これまでにはない驚くべき内容を指摘した。刺激的な内容のこの本はまたたく間にベストセラーとなった。こうした牛乳に対する激しい攻撃と排除の姿勢は、まさにフードファディズム。一時はスーパーなどでも牛乳を買い控え現象すら現れたほどの状況がつくり出された。危機意識を持った酪農関係者が新谷医師に、著書でのこれらの指摘を裏づける科学的根拠を示すように求めた。しかし、著者からの回答には、その根拠が十分に示されなかった[4)]。

食品への攻撃や排除の姿勢は、それが劇的（ドラマチック）であればあるほど、人はその影響を強く受け、信じて疑おうとしなくなる。それは人の本能に由来しているという[5)]。ひとたびこの悪影響を受けると、それが消えうせるのに相当の時間を要する。一度広まった「牛乳有害説」は、その後も一部の消費者には支持されて現在まで生き続けている[6)]。

食べものに対する安心は感情が支配する

食べものへの思い込みは、科学的に正しいかどうかで消え去るものではないことを、この「牛乳有害説」の騒動が示している。食べものに対する安心感は科学的根拠に基づく説明によって得られるものではなく、感情が納得できるかどうかが重要なのだ。食べものに健康への効能や効果を過度に求めすぎると、それがかえってフードファディズムにおちいる原因になりかねない。食べものには、人それぞれに思い入れがある。その多様な思い入れのすべてを満足させるような食べものは、おそらくないだろう。とりわけ、そのような食べものが安価で、いつでも消費者の手に届くなどというのはかなり難しい。

3　健康な土、健康な食べもの、健康な体

健土健民と身土不二の思想

「健土健民」という言葉がある。これは、日本酪農の父と呼ばれた黒澤酉蔵（とりぞう）（1885〜1982）が、今から80年以上も前から唱えた言葉である。黒澤は「健土健民」の意味を次のように説明している。「やせ地に豊富な堆きゅう肥を投入し、さらに不足分を化学肥料で補って肥沃（ひよく）な土をつくり上げました。これが健土です。ここからとれる食物は健康な農地、健土から生まれるのですから、健康な、栄養豊富な食物といえます。これをまた教養ある主婦が料理します。これを食すればすなわち健康は心身共に増進し、長寿になるというわけです[7]」。

この健土健民とよく似た言葉で、「身土不二」という言葉もある。「人間の体と土とは一つである」という意味で用いられている。19世紀から20世紀の世紀代わりのころ、石塚左玄らが主張した「人間の歩ける身近なところで育ったものを食べ、生活するのがよい」という、「食養道運動」の標語として使われたのが最初である。この言葉の語源を尋ね求めた農民作家の山下によると、「身土不二」は「地産地消」、すなわちそこで収穫された食べものをそこで食べるということにたどり着く[8]。

いうまでもなく、私たちの生命や健康は食べものから得ている栄養によって支えられている。地産地消や身土不二の思いには、いずれもご近所のあの人が汗水流してつくってくれた食べものを感謝していただくという精神が宿っている。そのような食べものによって支えられる私たちの健康は、食べものを生産してくれる土に由来すると主張するのが健土健民の思想である。

健康な体は多様な要件でつくられる

しかし、こうした考え方にのめりこむと、土そのものが人の健康に直接関わっていると誤解するおそれがある。土の働きを人の健康との関わりから強調するあまり、土を過大評価するからである。たとえどんなに素晴らしい土から生産された食べものでも、その加工のしかたや調理法、さらには食べる量や食べ方など、その人の食生活のありようによっては「不健康な」食べものになってしまうことだってある。たとえば食べものを調理するとき、塩分をいつも強めにしていたり、同じ食材を食べ続けたりすれば、その食材が自然有機栽培であっても、あるいは人工的に管理された植物工場の水耕栽培で生産されたとしても、人の健康に悪影響があるだろう。栽培方法がどれであっても、生産されたジャガイモを油で揚げてポテトチップスやフライドポテトをつくると、その高温加熱の調理法によってアクリルアミドという発ガン性を持ち、中枢神経まひを起こすような有毒物質がつくられてしまうことだってある[9]（注4）。

土は作物の生産に関わる。しかし、そこで生産された食べものを食べる人の健康にまで、土が責任を持てるわけがない。人の健康は土だけで支えられているのではなく、さまざまな要件で維持されているからだ。

4　食べものへの思い込みはどこから来る？

メディアやネット情報の影響

堆肥や化学肥料、フードファディズム、土への信奉といった人の思い込みや思い入れは、新聞、雑誌、ラジオ、テレビ、さらにはインターネット情報（ソーシャルネットワーキングサービス＝ＳＮＳ

なども含む）といった、メディアでの情報の取り上げ方に強く影響されてつくられていく[10]。

新聞記者の世界では、「犬が人を噛んでもニュースにならないが、人が犬を噛んだらニュースになる」ということが語り継がれている。つまり、ニュースに必要なのは目新しく珍しいことが絶対条件である。言い古されていることや日常茶飯事はニュースにならない。たとえば、「今日も世界の4000万の飛行機が死者を一人も出さず、無事にそれぞれの旅行先に着陸しました」とは、メディアは取り上げない。ところが、テレビのニュースや新聞記事などで悲惨な飛行機事故が報道されると、私たちの恐怖心が煽られ、飛行機は危険な乗り物だという思い込みにつながっていく。実際には自動車によって発生する交通事故に比べると、飛行機事故の発生はきわめて低い（注5）。事実よりも、恐怖心のほうが記憶に強く残るのだ。

ところが、この記憶というのがくせ者である。私たちは、過去にどんな良いことを経験しても、最後に不快なことが起こると、それまでの素晴らしい経験のすべてが無視され、全体が悪い印象として記憶されるようにできている。そのような意思決定のしくみを私たちが持っていると指摘するのは、2002年にノーベル経済学賞を受賞した心理学者のカーネマン（1934〜）である。彼は、私たちには「経験する自己」と「記憶する自己」の二つの自己があり、過去の経験を評価するのは「記憶する自己」で、「経験する自己」は意思決定に関与できないという[11]。たとえば、素晴らしい交響曲をうっとり聴いていたのに、最後のほうで何か耳障りな大きな音がしたため、楽しい時がぶち壊されたといった場合、経験する自己は、ほとんど完璧な経験をしており、最後がいくら悪くてもすでに起きた素晴らしい経験がなかったことにはならない。しかし、最後に聞いた耳障りな音を記憶する自己は、その耳障りな音を強く記憶し、この演奏全体に悪い印象を与えてしまう。

実際の経験から私たち自身に残っているのは記憶だけだ。したがって、過去に起きたことについて私たちが採用する視点は、記憶する自己の視点しかない。恐怖心がメディアによって煽り立てられて深く記憶されると、それを打ち消す手段を私たちは持っていない。できあがった恐怖心は、私たちの意思決定に深く関わるのだ。「記憶する自己」が思い込みを積み上げていく。

有機自然栽培の作物でアトピーが消えた

有機自然栽培で育てた作物を食べたら、アトピー症状が消えていったという話が、かつて新聞を賑わした[12)]。北海道せたな町の「やまの会」での話である。「アトピーが消えたのは、自然には命の力強さや神秘が詰まっているからだ」との談話まで記事に掲載されている。このような有機自然栽培作物の出来事が報道されると、読者は有機栽培の作物を食べると健康に良いのだとの印象を強くする。しかし、「自然には命の力強さや神秘さが詰まっている」ということと「アトピーが消える」ということに直接的な因果関係があるのだろうか。またその取材先の事実がどこにでも当てはまるという保証は、おそらくないだろう。

ところがメディア報道では、因果関係やその事実が当てはまるかどうかなどということはむしろどうでもよい。それよりも、有機自然栽培でアトピーが消えるというもの珍しさで記事に関心をひくことが重要なのだ。それによって有機自然栽培の作物に、なんとなく健康に良さそうな雰囲気を与えてしまうということには意を介さないし、そこに科学的根拠はいらない。こうした報道で、アトピーに苦しむ人には有機自然栽培の作物を食べれば、その苦しみから逃れられるかのような思い込みができてしまう。

人工環境の植物工場で育つ野菜は味が濃く新鮮

その一方で、同じ年に同じ新聞には、マンションの1階にある60m²の植物工場では、温度や湿度を一定に保ち、太陽光の代わりにLED照明にして野菜を無農薬水耕栽培で育てているという記事も掲載されていた[13)]。有機自然栽培とはまったく逆の人工的栽培環境である。しかし、報道では栽培した野菜の味が濃くて鮮度も良いし、年中安定して仕入れられるのが頼もしいと、評価は上々で、ホテルや飲食店で人気があるという。この記事だと、太陽の光をたっぷり受けることなく、LEDの光と化学肥料の肥料成分を水に溶かした状態で栽培しても、栽培された野菜は味も鮮度もよく、安定生産ができるということになる。しかし、わずか60m²で栽培される野菜でどのくらいの人に安定供給できるのだろうか。

メディアで報道されない農業の役割

メディアは、有機自然栽培と人工の植物工場での栽培、どちらの栽培法が健康に良いのかということに関心があるわけではない。どちらの栽培法も、目新しいことにニュースの価値があって報道している。しかし、こうした新聞報道は、それが特殊なことであっても、読者に特別な印象を与えてしまう。それが、有機自然栽培や植物工場で水耕栽培された野菜が、一般の畑やハウスで栽培されるものよりも健康に良く、ビタミンやミネラルの豊富な新鮮野菜であるというイメージをつくり出す役割を果たす。メディアは、有機自然栽培と植物工場の水耕栽培とが、栽培に対する考え方で対極にあるということを問題にはしていない。

一般消費者がスーパーなどで買い求める野菜の大部分は、化学肥料や農薬を使ってこれまでどおりに生産を続ける農業（以下、本書ではこのような農業を「慣行農業」という）で生産されている。わが国で有機農業が取り組まれている農地面積が（注6）、2018年の調査によると2万3700ha、全耕地面積のわずか0・5％にすぎないからである。[14] まさに有機自然栽培や植物工場の水耕栽培でつくられた野菜は希少価値、目新しいことなのだ。メディアはそこにニュース価値を認める。メディアでは決して取り上げられることのない、ごく普通の慣行栽培で生産される農産物が、国民の食料基盤をしっかりと支えている。それが慣行農業の役割である。食料自給率38％（注7）のわが国であっても、そうしたごく一般の農家の方たちの努力によってその自給率が支えられている。ニュースにならないからといって、この事実を見過ごしてはならない。

農業にもいろいろ、分断して考えない

先に紹介した北海道せたな町の「やまの会」のメンバーである村上健吾さんは、放牧草地の牧草を自由に食べて育つ乳牛、といっても、一般的な白黒まだら模様のホルスタイン種ではなく、茶色や褐色のジャージー種やブラウンスイス種から生産される、コクの深い生乳を使ってチーズを生産することにこだわる酪農を実践している。村上さんは、こうしたこだわりチーズを生産する自分の酪農を、北海道で一般的な大型酪農と対照的にとらえてはいない。むしろ「大型酪農が社会へ生乳を安定して供給するという大切な役割を果たしてくれている、それがあるから自分流の酪農も共存できる」と考えている。[15]

私たちは、農業を有機農業とそうではない慣行農業というように、ものごとを分断して理解しがちである。そうした分断の思考は、人間が進化する過程で身につけてきた本能の一つである。[16] 村上さんの考え方は、そのような分断的なものではなく、消費者の多様な要求を満たすさまざまな農業が共存することの大切さを指摘している。有機農業を実践する農家も慣行農業に従事する農家も、どちらも

食べものを生産し、消費者へ供給するということでは、同じように苦労している。その苦労の差を比較し、両者で不毛な対立をする状況は不幸なことである。[17]

先祖から受け継ぐ本能が思い込みをつくり出す

誰でも無意識に先入観でものごとを見てしまい、それを変えるのは難しい。先入観でものごとを見てしまう原因は、先に述べた分断の思考法と同じように、私たちの先祖が狩猟採集時代に生きていくために必要とした本能が脳に組み込まれているからだという。[5] この狩猟採集の時代から現代までの歴史から見ると、産業革命以降から現在までの工業化、あるいは情報化社会への変化は、ほんのわずかな時間でしかない。産業革命以降に大きく生活様式が変化したとしても、狩猟採集の生活に適応するようにつくられた私たちの体や心は、そのほんのわずかな時間の変化に対応して変化するようには進化していない。[18] 先祖が持った本能が、今もなお私たちの中で生き続けているのはそのためである。メディアの報じる目新しいことや劇的（ドラマチック）なことに私たちは本能的に応答し、それを受け入れて思い込みがつくられてしまう。それを避けるには、劇的すぎるものごとの見方を抑制し、事実に基づく理解のしかたを訓練する必要がある。

農業においてもさまざまな思い込みができあがっているように思う。本能から抜けきれない私たちだけに、そういう思い込みを避けることは難しいのかもしれない。たとえば、「土づくりには堆肥」とか、「有機栽培された食べものは健康に良い」とか、「化学肥料を与えると土の生き物が死ぬ」などというようなことは、思い込みにすぎないのかもしれないと、一度立ち止まって考えてみてはどうだろうか。

食べものに対する安心は、それぞれの人の感情によって支配されている。その感情は、目新しさをことさらに取り上げるメディアやネットの情報に強く影響され、そうした情報をそのまま受け入れて納得していることもあるだろう。しかし、世間でひろく受け入れられている情報が、事実や科学的根拠に基づいているかどうか、それを意識していないと、いつまでも不確かなことを鵜呑みにして思い込んだまま生活することになる。本書では以降の章で、食べものやその生産に関わる情報について、基本的な事実や関連する科学的根拠などを紹介したいと思う。

注1　化学的に合成された農薬のこと。生物を病害虫防除に利用する生物農薬や、天然物を主成分とする天然物由来農薬とは区別する。

注2　バークとは樹木の皮のこと。そのバークと牛ふんを混合して堆肥化したもの。

注3　残念ながらこの店は、新型コロナウイルスによる飲食店の営業自粛などの影響によってしばらく休業したのち、閉店してしまった（2021年4月現在）。

注4　ジャガイモに含まれている炭水化物のブドウ糖などとタンパク質を構成するアスパラギンというアミノ酸が、油で揚げ120℃以上の高温条件で処理されると、化学変化によってアクリルアミドがつくられる。これはジャガイモに限られた現象ではなく、米や小麦粉のような炭水化物の多い食品でも認められている。ただし、ポテトチップスやフライドポテトをたまに食べるくらいなら、必要以上にこの有毒物質を怖がることはない[9]。

注5　自動車の死亡事故はほぼ毎日、全国のどこかで発生している。これに対し、国内で大型旅客飛行機の乗客死亡事故は、国内の航空会社に限定すると、1985年日本航空123便の御巣鷹山事故の後には発生していない。国外の航空会社を含めても、御巣鷹山事故の後では、1994年中華航空140便の名古屋空港での事故、そして1996年ガルーダ航空の福岡空港での事故の2件を最後に発生していない。

注6　有機JAS認証を取得している農地と、有機JAS認証を取得していないが有機農業をおこなっている農地の合計面積。

注7　ここでいう食料自給率とは基礎的な栄養価である熱量（カロリー）に注目し、国民に供給される熱量に対する国内生産の熱量の割合（カロリーベースの総合食料自給率）で、38％は2021年の値である。1960年（昭和35）の79％に比べると、2分の1まで低下している。

2章 作物の養分とその吸収・利用

―有機農業と慣行農業、何かちがうのか

私たちは食べものから養分（栄養素）を吸収して、健康な生活を維持している。同じように、私たちの食べものとなる作物も、養分を十分吸収できなければ健康に育つことができない。では、その作物の健康を維持する養分とは何なのか。この疑問は、古く紀元前のギリシャ哲学の時代から続く命題だった。後で述べるように、紆余曲折を経て、19世紀のドイツで最終的な議論がおこなわれた。一方は土の中の有機物が作物の養分であり、他方は無機物（ミネラル）であるという主張だ（注1）。

この二つの主張は、現在でいうと、作物の養分に堆肥などの有機物を使う有機農業と、化学肥料や農薬を使う慣行農業の考え方に受け継がれている。しかし、その両者間で作物の養分についての考え方がちがうため、養分とその与え方についてしばしば対立的に論じられる。これは両者にとって不幸なことである。

作物の養分は何か、そして、その養分を作物はどのようにして根から吸収しているのか、吸収された養分は作物の体内でどのような物質につくりかえられるのか、そのような疑問に関して現在の科学でわかっていることをこの章で紹介する。そのうえで、作物が有機栽培される場合と慣行栽培される場合で、養分の吸収や利用に何か本質的なちがいがあるのかどうか、それを考えたい。

1 作物も養分なしでは生きていけない

私たちの生命活動に必要な養分は、食べものに含まれる物質のうち、大きくわけて、炭水化物（糖質と食物繊維）、脂質、タンパク質、ビタミン、ミネラル（無機物のこと）の5種類である。糖質、脂質、タンパク質などは、だ液や胃液、すい液、腸液などの消化液に含まれる消化酵素で分解されて、ブドウ糖、脂肪酸、グリセリン、アミノ酸といった吸収しやすい形態に変化する。そして、これらの多くは小腸で吸収され、吸収されなかった水分やミネラルなどの一部は、大腸で吸収される。吸収されたあとは、主に肝臓でさらに形態変化して血液に送り込まれ、体内の隅々に運搬されて健康の維持に利用されている。

ところが、植物が養分をどのように吸収して自身の健康維持に利用しているのか、具体的に思い浮かべるのは難しい。19世紀の初め植物の栄養について研究し、植物の緑色部分に光をあてると、二酸化炭素と水から有機物がつくられることを証明したスイス人のソシュール（１７６７〜１８４５）ですら、「もしも草や木が食物をつかんでむしゃむしゃ食べ、あくびをしたりふんをしたりするなら、君は植物が何から、また、どのようにして養分をとっているか、わけなく理解できたであろうに」と嘆いたくらいである[1)]。まずは植物の養分が何であるのかを探し求めた歴史をひもといてみよう。

2

植物の養分とは何かを探し求めた歴史

ギリシャ哲学の時代

多くの学問と同じように、植物の養分が何かを探し求めたのは、紀元前に活躍したギリシャ哲学者までさかのぼる。エンペドクレス（ＢＣ４９３?〜ＢＣ４３３?）は万物の根源が土・水・空気・火の４つからなるという多元素説を唱えた。これに対して、万物の根源はアトム（原子）であるという原子説を主張したのがデモクリトス（ＢＣ４６０?〜ＢＣ３７０?）だった。しかし、その後に現れたアリストテレス（ＢＣ３８４〜ＢＣ３２２）は、エンペドクレスの多元素説に冷・湿・温・乾の４性質をあわせた多元素説の立場をとった【図2】。彼はエンペドクレスの4元素が結合して小さな粒子となって土に存在し、この粒子を植物が吸収して生長すると考えた。堆肥にはこの4元素がすべて含まれているため、堆肥を土に与えると土の作物生産力が高まると主張した。こうしてすべてのものは土から生まれ、土へ帰るという思想が形成されていった。この思想は、有機物が植物の養分であるという考え方に受け継がれていく。

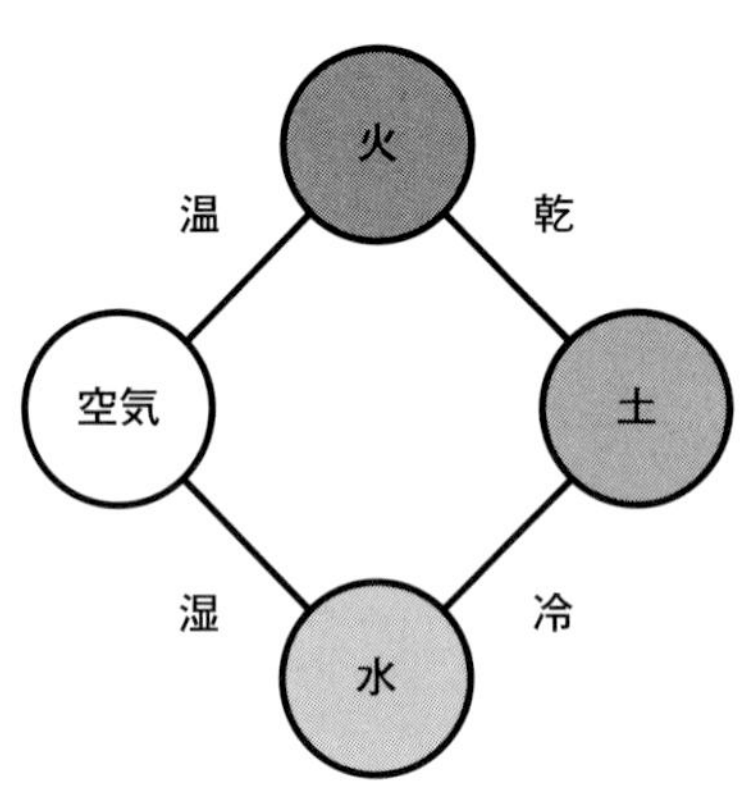

図2　アリストテレスの4元素・4性質からなる多元素説
（山根ら，1972）

偉大な哲学者アリストテレスの影響力は強く、彼の考え方はこの後2000年間、万物の根源の支配原理として受け入れられていた。ただし、16世紀にスイスで活躍した医化学者・パラケルスス（1493（4）～1541）は、アリストテレスの説を否定し、物質の根源はイオウ、水銀、塩（えん）の3成分であるとした。ここでいうイオウは現在の有機物、また水銀は水、塩は炭素を含まない物質（無機物＝ミネラル）に相当する。植物はこれらを土と雨から受け取ると彼は考えていた。彼はこの他にも物質の毒性について深く考え、「すべてのものは毒であり、毒でないものはない。毒か毒でないかを決めるのは、その物質の用量である」と述べ、ものの乱用を戒めたことでも有名である。

アリストテレスの多元素説とパラケルススの3成分説は、16～17世紀にベーコン、ボイル、ニュートンらがデモクリトスの原子説に注目するまで、物質の根源に対する当時の人々の基本的な考え方となっていた。

水が養分―ヘルモントの実験

一方、万物の根源は水であるとのタレス（BC624?～BC546?）の説は、エンペドクレスに先立つものであった。この考えに着目し、植物の養分が水であることを説明するために、はじめて科学的ともいえるポット（鉢）試験をおこなったのが、ベルギーの医者・ヘルモント（1579～1644）である。彼は、物質の燃焼時に発生する気体を「ガス」と命名したことでも知られている。ヘルモントは91kgの土を詰めたポットにヤナギを挿し木し、5年間、雨水（干ばつの時は蒸留水）だけを与えてヤナギの生育を観察した。ヤナギは実験開始より74kgも増えて大きく生長した。しかし、ポットの土はわずか60gしか減らなかった。彼はこれを実験上の誤差と考えて無視した。そして結論として、水だけを与えてヤナギが大きく生長したのであるから、水が植物の養分であると結論づけた。じつは、その減った土の量こそ土の中の養分の減少量だったことに、彼は気づいていなかった。

養分は無機物（ミネラル＝灰分）―ウッドワードとシュプレンゲル

植物を燃やすと灰が残ることは古くから知られており、薬学者たちはこれを「アルカリ」と呼んでいた（注2）。その「アルカリ」と呼ばれる物質は植物の燃えカス（灰）である。植物の体をつくっていた炭素を含む物質は、燃えると二酸化炭素と水になって物質からなくなる。つまり、「アルカリ」は炭素を含まない無機物、ミネラルである。その「アルカリ」すなわち、無機物が植物の養分だと主張し、植物を燃やした後の灰を畑に戻すのを勧めたのが、パリシー（1510?～1590?）だった。これは無機物が養分であるという概念につながった。グラウバー（1604～1670）、メイヨー（1641～1679）も植物に無機物が必要であるとして、硝石（注3）の肥料的効果を認めた。

同じころ、イギリスのウッドワード（1665～1728）はヘルモントの実験にならって、水が植物の養分であるかどうかを確かめようとした。彼が実験に用いた水は、雨水、テムズ川の水（注４）、ハイドパークの暗渠水（地中に埋設された管から排出される水、排水）、さらにそのハイドパークの暗渠水に庭で植物がよく育っている場所の土を少量混ぜたものであった。これらの水を使ってスペアミント（ハッカ）を栽培した。水が養分というヘルモントの説が正しければ、水の種類に関係なくどの処理でもスペアミントの生育は同じになるはずだった。しかし結果は、水に不純物が多く混じるほどスペアミントの生育が良かった。この結果から彼は、「植物は水からできるのではなく、土に関係したある特別な物質からつくられる」と結論づけた。この実験は水に溶けた物質が植物の養分であることを明らかに示した重要な実験だった。しかし、ウッドワード自身はそのことに気づかず、単に、ヘルモントの結論を否定したにすぎなかった。

　この後、さまざまな無機物を溶かした溶液で植物を生育させると、それらの無機物が植物に吸収され、植物体内にそのままの形でとどまることを前述のソシュールが認め、無機物の重要性が指摘されるようになった。当時の考え方では、植物自身が「アルカリ」をつくるというのが主流であった。しかし、ソシュールの実験はこの考え方を否定した。

　また、ドイツのシュプレンゲル（１７８７〜１８５９）は多くの植物の灰分「アルカリ」を分析し、その結果から植物体内のいろいろな無機物は生育に必須であり、それは植物体外から栄養分として吸収されたものと指摘した。１８２８年のことだ。同時に、窒素、リン、カリウム、イオウ、マグネシウム、カルシウムなどを含む20の無機物が植物の養分と唱え、はじめて肥料三要素といわれる窒素、リン、カリウムの重要性を明確にした。また、植物の栄養分のうち、その一つの成分でも欠けると他の養分が十分あっても植物は生育しなくなり、その一つの成分の量が植物の要求を満たさなければ生育が悪くなるという、いわゆる「最小律」（最少養分律ともいう）という重要な考え方も提案している。

土に含まれる有機物が養分

土に含まれる有機物が植物の養分であるとの考え方は、すでに述べたように古くアリストテレスにまでさかのぼる。この考え方は「植物の栄養は異質のものから得られるのではなく、植物体と同じ有機物から得られる」というスウェーデンのワーレリウス（１７０９～１７８５）の主張に代表される。彼は、土に含まれる有機物（腐植（ふしょく）ともいう）だけが植物養分の給源であると指摘した。さらに続いてイギリスのデービー（１７７８～１８２９）は「土に与えられた有機物は、分解されて水に溶ける形態になって植物に吸収される」という説を唱え、植物の養分が有機物であることを主張した。こうした考え方は有機農業として現代に脈々と受け継がれている。

土の粒子が養分—タルの理論

有機物が植物の養分だという説が広まったころ、「土そのものが養分である」と唱えたのが、イギリスの農事改良家・タル（１６７４～１７４０）である。当時、作物の種子はばら播（ま）きされていたため、作物は畑で整列せず不規則に生育していた。しかも、作物がそのような状態で畑に存在しているため、雑草を取り除く（除草）ことができず、作物と作物の間には雑草が生い茂った。その雑草に作物が覆われて生育が抑制されることもしばしば発生した。除草作業があまりにも大変な作業だったからである。そこでタルは、作物の種子をすじ状に播いて整列させて栽培したら、馬を使って除草できると考えた。そして種まきの方法を一変させる、条播機（じょうはき）（種子をすじ状に播いていく機械）を発明した【図３】。

この条播機は除草問題を一気に解決した。作物が列になって育っているので、馬を使ってその列と

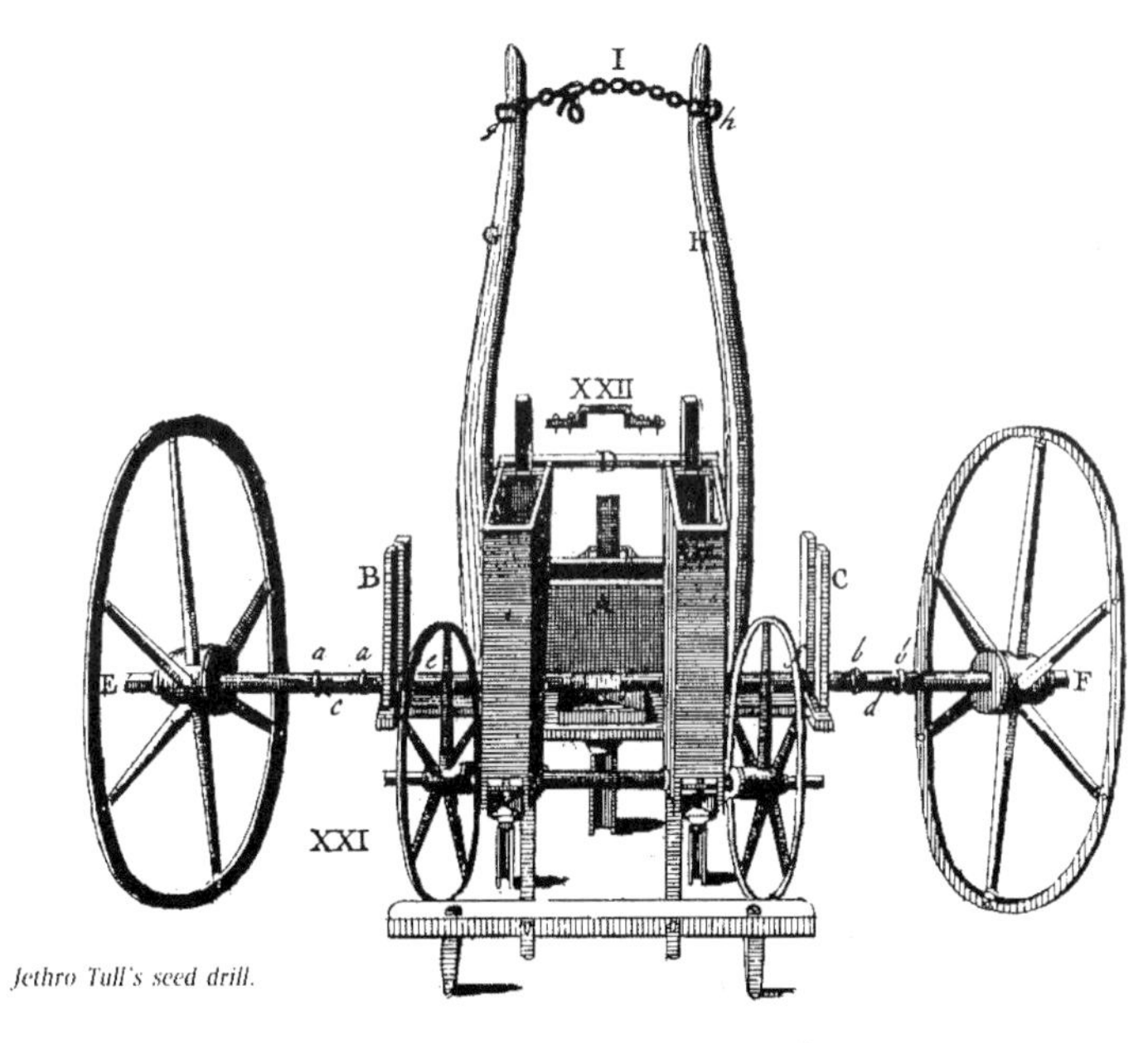

図３　タルが発明した条播機（コムギ用）（Binghamら，1991）

列の間を浅く耕しながら雑草を取り除く（中耕除草）ことができるようになった。タルは、条播機を使用して作物をすじ播きし、中耕除草を積極的に勧めた。それはいくつかの作物、とくに飼料用カブで生産量を大きく増加させた（注５）。その結果から彼は自信を得て、土の粒子こそが植物の養分であり、土の粒子が根から楽に吸収できるように中耕除草を実施し、土の粒子を可能な限り細かくしなければならないと彼の著書『馬力中耕法』で主張した。彼の『馬力中耕法』によって生産量の増加効果が実際に認められたことから、彼の説は長く支持され高い評価を受けた。もちろんこの結果を現在からみれば、作物の生育が改善された要因は土を耕した効果というよりも、除草効果のほうがはるかに大きかったと考えることができる。

有機栄養説と無機栄養説

こうして植物の養分は何かをめぐる科学的知識がしだいに集積されていった。19世紀にはいると、それまでの混乱に決着をつける論争がドイツの二人で交わされた。一人は、有機物が養分であると有機栄養

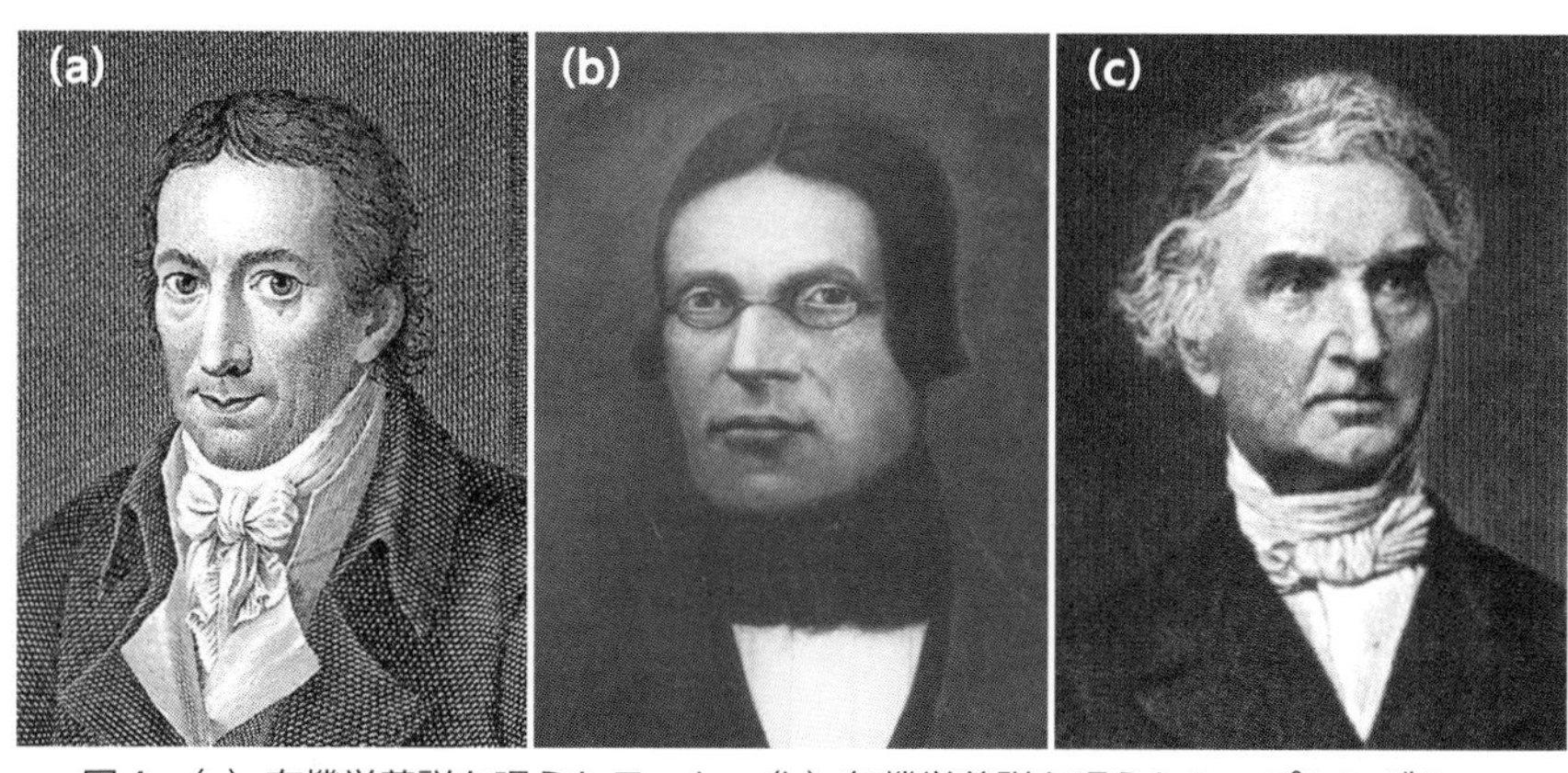

図4　(a) 有機栄養説を唱えたテーヤ, (b) 無機栄養説を唱えたシュプレンゲル, および (c) リービヒ

(テーヤ, 2007；シュプレンゲル, 2009；リービヒ, 2007)

説(腐植栄養説)を唱えるテーヤ(1752〜1828)【図4(a)】で、もう一人は、シュプレンゲル【図4(b)】が提唱した無機物が養分であるとの説を、さらにより強く主張したリービヒ(1803〜1873)だった【図4(c)】。

テーヤの有機栄養説

テーヤはアリストテレス、ワーレリウス、デービーらの考え方を受け継ぎ、植物の養分は有機物であるとの説を唱えた。当時、世の中で広く受け入れられていた考え方に「生気説」があった。有機物は、生きている動植物の体内だけに存在する特別な生命力の助けによってつくられ、生命を持つ生物を起源とする有機物の効果は、生命を持たない無機物とは本質的にちがう、というのが生気説の考え方である。テーヤはこの生気説に強く影響され、動植物という生命体に由来する堆肥が、適度な温度や湿度のもとで腐敗・発酵して水溶性の有機物(彼はこれをフムス「腐植」と呼んだ)となって植物の養分になり、植物の生命を支えると考えた。

また、植物の生産量は土の中の有機物(フムス)量に依存するので、植物の吸収によって減った土の中の有機物を補うには、堆肥という形で有機物を与えることが必要であると指摘した。堆肥を十分に確保するには、堆肥の原料になる家畜のふん尿が必要となる。その家畜を飼うにはエサとなる飼料作物を栽培しなければならない。したがって、テーヤは、人の食料となる作物と家畜のための飼料作物それぞれの作付け面積が、自前の耕地の中で適当な比率になるように栽培計画をたて、それを輪作（注6）で維持するように奨励した。このようなテーヤの実際の農業に対する提案は、それを実行することで、家畜のふん尿からなる堆肥をとおした養分循環が成立し、土の養分条件が維持されて作物生産を安定させた。こうしてテーヤの理論によってヨーロッパの農業は大きく発展した。このため、19世紀前半のヨーロッパではテーヤの説が広く普及した。テーヤが奨励した農法は、まさに循環型で持続可能な農業であった。

ところが、シュプレンゲルが植物の養分は無機物だと主張した1828年、同じドイツのウェーラー（1800～1882）が、無機物から有機物である尿素を人工的に合成することに成功した。生きている動植物が持つ特別な生命力がなくても有機物がつくられたことから、生気説の重要な根拠がくずれてしまった（注7）。

シュプレンゲルとリービヒの無機栄養説

有機物が植物の養分だとするテーヤの有機栄養説に対して、有機物ではなく無機物であると最初に明確に唱えたのは、すでに述べたシュプレンゲルであった。彼が提唱した無機栄養説や養分の最小律といった考え方を、さらに強力に主張したのがリービヒだった。彼の強力な主張によって無機栄養説が広く世の中で知られるようになった。

リービヒによると、植物に必要な養分は、空気に由来する二酸化炭素（炭酸ガス）とアンモニア（あるいは硝酸）、土から利用できる水、リン、イオウ、ケイ酸、カルシウム、マグネシウム、カリウム（またはナトリウム）、および多くの植物では塩化ナトリウムなどの無機物である。さらに、彼はテーヤが重要な養分源と考えた堆肥も、土の中で分解されて最終的に無機物になって植物の養分になると指摘した。つまり、堆肥を無機物で置き換えることが可能であるとの認識を示した。

リービヒは堆肥の農業利用そのものを否定していたわけではない。リービヒが最も強く指摘したのは、テーヤがいうように農場として養分循環を完全に守り、生産した堆肥を完全に自分の畑に戻しても、農場から生産物が出ていく以上、それに含まれる養分は確実に農場から出ていく。したがって、それを補給しないと土の養分状態は維持されない、その養分の補給に堆肥だけでなく、無機物も利用することができるということだった。

論争の決着―植物の養分は数種の無機物、有機物利用を否定しない

テーヤは有機栄養説に基づいてヨーロッパの農業を大きく発展させた。その功績はあまりにも大きい。しかし、彼の説のよりどころとなった生気説は、彼が世を去った同じ年にウェーラーがおこなった実験で根拠を失った。かつてワーレリウスが主張したように「植物の栄養は、植物体と同じ有機物から得られる」と考える必要がなくなったのである。結果的に、化学分析の結果に裏づけられたシュプレンゲルとリービヒの主張が、次第に認められるようになった。すなわち、植物の養分は大気あるいは土から供給される数種の無機物であるということで決着がついた。

ただし、当時の彼らの主張には誤りもあり、しかも無機物に置き換えるといっても、その養分源となる無機物としての化学肥料が世に登場するのは１８４３年のことである。化学肥料を使った経験もない当時の農家には、テーヤが提唱した循環型農業のほうがはるかに安心だった。また、そうすることで実際に生産を維持することもできた。無機栄養説が有機栄養説との論争に終止符を打ったとしても、養分源が堆肥から化学肥料へただちに移ったわけではではない。

図５　水耕栽培による野菜の栽培（北海道七飯町，植物工場アプレにて）

上下２段でミニトマトやキュウリ，葉菜類などを完全無農薬で生産。野菜は，近くの「道の駅なないろ・ななえ」で直売している

この論争で決着した「植物の養分が有機物ではなく、無機物である」ということは、現在の植物工場などで採用されている水耕栽培によって明確に実証されている【図5】。水耕栽培では、堆肥のような有機物を与えなくても、必須養分を含む無機物を溶かした培養液だけで作物を正常に生育させることが可能だからである。

しかし、養分が無機物であったとしても、堆肥などの有機物の利用を否定するものではない。有機物を与えることで、植物の生育が旺盛になることは誰もが認めている。育が旺盛になることは誰もが認めている。それを可能にしているのはどうしてなのか。それを可能にしている養分ではないはずの有機物が、植物の生育を旺盛にするのが、以下で述べる土の生き物たちの働きである。

3　土の生き物が有機物を植物の養分に変える

いうまでもないことだが、堆肥などの有機物をそのまま、植物の根が口を開けてパクパクと食べて体内に取り入れているのではない。有機物が植物の養分となるのは、土の中で生活する生き物たち（大型の土壌動物から目に見えない微生物たちまでを含む）の連係プレーによって有機物が分解され、最

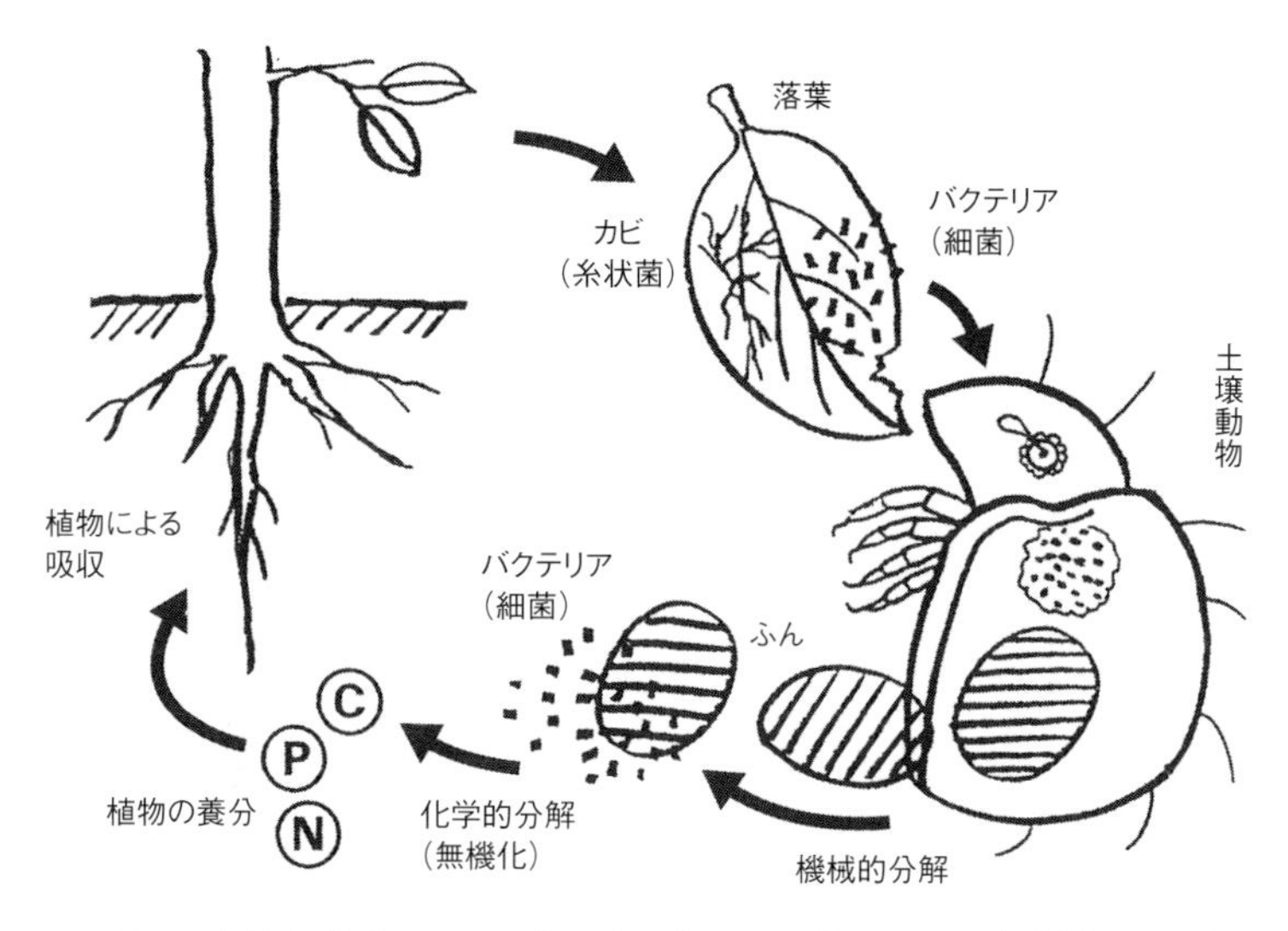

図6　自然生態系における土の生き物たちの働きによる物質循環の概念
（青木（2005），一部加筆）

土壌動物には大型のミミズやワラジムシ，ダンゴムシの他に，中型のダニ，さらにはトビムシなど，さまざまな種類がある

終的に無機物にまで変化するからである。

落葉や落枝のような有機物は、その表面にカビ（糸状菌）やバクテリア（細菌）がとりつき、分解されやすい状態に前処理される【図6】。その状態の有機物に、大型の土壌動物であるミミズやワラジムシ、ダンゴムシなどがエサとして食いつき、細かくして土の中へ引きずりこむ。作物生産のために土に与えられた堆肥なども含めて、土の中に入った有機物はダニやトビムシなどの中型の土壌動物のエサとなり、ふんとなって排泄される。そのふんはバクテリアのエサになってさらに分解され、最終的に二酸化炭素と水、そして無機物に変化する。この一連の分解過程を有機物の無機化という。堆肥に含まれていた有機態の窒素（タンパク質など）が、土の生き物の働きによって無機物のアンモニウムに変化することは典型的な無機化の例である。

実際には、土に与えられた有機物のすべてがすぐさま完全に無機化してしまうことはない。分解の途中で有機化合物としても存在している。この有機化合物が「土の有機物」あるいは「腐植」といわれる物質である。寒冷地や低湿地など、土の生き物たちの活動が鈍い環境では、有機物の分解がゆっくりおこなわれる。このため、分解途中の有機物が土に蓄積し、黒みを帯びた土となる。寒い地方で暮らしている人たちが土の色を黒く連想するのはこのためである。

有機物は、土の中の生き物たちの活動によって分解（無機化）されることで、植物が吸収利用できる無機物の形態に変化する。無機化するにはそれなりの時間が必要である。したがって、養分としての効果を素早く期待する場合、堆肥などの有機物を養分資材として利用するのは適当ではない。また、土の生き物たちに分解されやすい有機物（完熟堆肥など）と、分解されにくい有機物（オガクズや、イナワラ、ムギワラなど）では、植物への養分供給資材としての効果がちがってくる。有機物を作物の養分源としてうまく利用するには、有機物を十分に分解して無機化してくれる土の生き物たちの働きが欠かせない。したがって、彼らが働きやすいように土を維持管理することもまた、有機物の分解には重要である。

4 植物の養分は何か？——必須養分の探求

植物の養分は無機物であるということになった。しかし、最終的にどの無機物が植物にとってなくてはならない養分、すなわち、必須養分であるのかという問題はなかなか解決できなかった。植物にとって必須養分であるかどうかを決めるための条件がはっきりしていなかったからである。

これに対して、アーノンらは1939年に、次の三つの条件を満足させる養分を必須養分としてはどうかと提案した[2)]。すなわち、第1の条件は、その養分がなければ植物は生育し続けることができないこと（必要性）、第2の条件は、その養分がなければ固有の欠乏症が現れ、その症状を正常に回復させる方法は、その養分を与えること以外にないこと（非代替性）、第3の条件は、その養分が植物

表1　植物の必須養分と植物体内での主な働き

（松中，2018）

	養分	主な働き
多量必須養分	炭素	植物体を構成するタンパク質，炭水化物などの有機物の骨格を構成する。炭素と酸素は空気から，水素は土の中の水から主に供給される
	水素	
	酸素	
	窒素	タンパク質や葉緑素，核酸（リンの項参照）などの構成成分。光合成にも強く関係し作物の生育，収量，品質などに大きな影響を与える
	リン	遺伝情報を伝達する核酸（デオキシリボ核酸（DNA）やリボ核酸（RNA）など），体内のエネルギー移動に関与するアデノシン三リン酸（ATP）など，多くの重要な体内物質の構成成分
	カリウム	細胞内の浸透圧やpHの維持，気孔の開閉などに関わる
	カルシウム	細胞壁や細胞膜などの構造の維持や膜の透過性に関与する
	マグネシウム	葉緑素の構成成分として重要。タンパク質の反応に関わる酵素の働きを助ける
	イオウ	イオウを含むアミノ酸としてタンパク質を構成する。ビタミン，補酵素の構成成分
微量必須養分	鉄	葉緑素の合成に必要な先駆けとなる物質の合成に関わることで，葉緑素の合成に深く関わる。酸素の運搬にも関与する
	マンガン	光合成で分解された酸素の放出に関与する。呼吸などに関わる酵素を活性化する
	ホウ素	カルシウムと同様に，細胞壁の構造維持に重要な働き。体内での糖の移動や生長ホルモンの調節にも関係する
	亜鉛	タンパク質合成に関わる酵素の構成成分として重要。体内のリボ核酸（RNA）の分解酵素の活性を調節する
	銅	光合成での電子伝達や呼吸に重要な働き。葉緑体に含まれる特殊なタンパク質の構成成分
	モリブデン	窒素をアミノ酸に取り込む時に必要な硝酸還元酵素の構成成分。根粒菌の窒素固定に関わる特殊な酵素の構成成分
	塩素	細胞内の浸透圧やpHの調節に関与する。光合成で水を酸素と水素に分解する反応をマンガンとともに補助する働き
	ニッケル	植物体内でできる尿素の分解酵素であるウレアーゼの構成成分

の栄養において直接的な役割を果たしていること（直接性）である。直接的な役割とは、その養分が植物体を構成する成分であるか、あるいは、体内での生理的な反応に直接関わっていることを意味している。

現時点で必須養分として認められているのは、炭素、水素、酸素の他に、14種類の無機物を合計した17の要素である。このうち炭素、水素、酸素は、植物が地球上で生育するかぎり、大気中の二酸化炭素（炭酸ガス）や土の水分から吸収するので、基本的に不足するということはない。これ以外の14種類の無機物のうち、植物が比較的多量に必要として吸収する6種、すなわち、窒素、リン、カリウム、カルシウム、マグネシウム、イオウを多量必須養分という。逆に比較的少量しか必要としない8種、すなわち、鉄、マンガン、ホウ素、亜鉛、銅、モリブデン、塩素、ニッケルを微量必須養分という。多量必須養分のうち、窒素、リン、カリウムの三要素は、植物の生育にとってとくに重要で、しかも不足しやすい。このため、堆肥や化学肥料で補うことが多い。これらを肥料の三要素という。これら必須養分とその植物体内での主な働きは、【表1】のように整理できる。

5 養分が植物の根から吸収される形態

植物の多量必須養分のうち、炭素や酸素は葉の気孔から直接吸収できる。また水素と酸素は根から吸収する水（H_2O）から獲得できる。残りの6つの多量必須養分や、8つの微量必須養分は、【表2】に示したような土の中の水分（土壌溶液）に溶けたイオンの形態で根に吸収される。ただし、微量必須養分のうちホウ素だけは例外で、水に溶けたイオンの形態だけで吸収されるのではなく、水に溶けたホウ酸の形態で体内に取り込まれる。

表2　必須養分の主な吸収形態

養分（記号）		主な吸収形態	化学記号
多量必須養分	窒素（N）	アンモニウムイオン	NH_4^+
		硝酸イオン	NO_3^-
	リン（P）	リン酸二水素イオン	$H_2PO_4^-$
		リン酸水素イオン	HPO_4^{2-}
	カリウム（K）	カリウムイオン	K^+
	カルシウム（Ca）	カルシウムイオン	Ca^{2+}
	マグネシウム（Mg）	マグネシウムイオン	Mg^{2+}
	イオウ（S）	硫酸イオン	SO_4^{2-}
微量必須養分	鉄（Fe）	鉄（Ⅱ）イオン	Fe^{2+}
		鉄（Ⅲ）イオン	Fe^{3+}
	マンガン（Mn）	マンガンイオン	Mn^{2+}
	亜鉛（Zn）	亜鉛イオン	Zn^{2+}
	銅（Cu）	銅イオン	Cu^{2+}
	ホウ素（B）	水溶性ホウ酸	$B(OH)_3$
	モリブデン（Mo）	モリブデン酸イオン	MoO_4^{2-}
	塩素（Cl）	塩素イオン	Cl^-
	ニッケル（Ni）	ニッケルイオン	Ni^{2+}

多量必須養分は上記の養分の他に炭素，水素，酸素がある

ところでこのイオンとは何か。改めて尋ねられると、とまどってしまうだろう。養分が根から吸収するしくみをよく理解するために、まずイオンとは何かを見てみよう。

水に溶けて目に見えないイオンとは何か

イオンという言葉は、イギリスの有名な科学者・ファラディ（1791〜1867）が命名した。ファラディは、さまざまな物質が溶け込んだ溶液に電気を通すと、溶液中のプラスの電極（陽極）に向かって流れて行く粒子と、マイナスの電極（陰極）へ向かって流れて行く粒子があることを発見した。溶液の電気分解という現象である。

この時、彼は「行く」という意味のギリシャ語から、それぞれの電極へ動いて行った粒子を「イオン」と命名した。陽極へ動いたイオンはプラスの電気に引きつけられたのだから、マイナスの電気を帯びた（帯電した）イオンで、これを陰イオンという。一方、陰極

10.0g の食塩（NaCl）

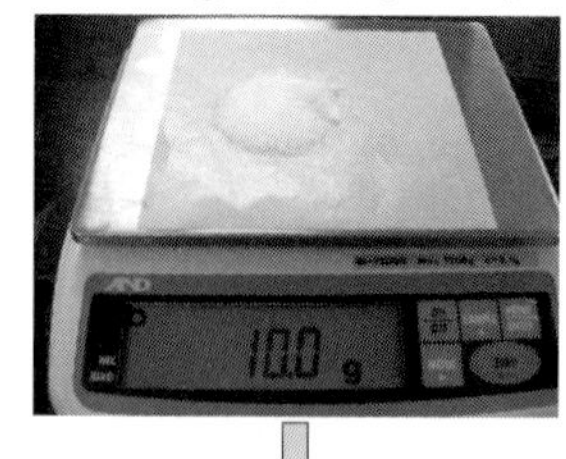

100mL の水（H_2O）

メスシリンダーの重さ＝ 181.0g
100mL の水の重さ＝ 100.0g

溶かした後の水

メスシリンダーの重さ＝ 181.0g
10.0g の食塩を溶かした水の重さ＝ 110.0g

図7　10.0gの食塩（塩化ナトリウム，NaCl）を純水100mLに溶かす実験

白色結晶の食塩（NaCl）は，水に溶け，消えてなくなったように感じるが，重さ 10.0g はきちんと残り，メスシリンダーの水面は 100mL の線よりも上がっている

へ動いたイオンはマイナスの電気に引きつけられたのであるから、このイオンはプラスに帯電しており、これが陽イオンである。

たとえば食塩で考えてみる。食塩は、化学的にいうと塩化ナトリウム（NaCl）で、ナトリウム（Na）と塩素（Cl）からなる、あのさらさらした感じの白色結晶の物質である。今、この食塩10gを100mLの水（水道水ではなく、純水H_2Oである。以下同様。水100mLの重さは100gである）に加えてガラス棒で混ぜると、水溶液（食塩水）は無色透明で、もとの白色結晶の食塩は見かけ上消えてなくなっている【図7】。これは、食塩が水に溶けて、陽イオンのナトリウムイオン（Na^+）と陰イオンの塩素イオン（Cl^-）に変化した結果である。

しかし、結晶を構成していたナトリウムと塩素は、水に溶けて目には見えないナトリウムイオンと塩素イオンに変化しただけで、物質が消えてなくなったわけではない。そのことは、図7に示したように、食塩を溶かした水の重さはもとの100ｇよりも10ｇ増加しており、体積の増加も100mLからナトリウムイオンと塩素イオンが占める体積分だけ増えていることから確認できる。

土壌溶液に溶けた養分は目には見えない。しかし、イオンとなって確実に土壌溶液中に存在し、植物に吸収されるのを待っている。ただし、土壌溶液に溶けて存在しているだけなら、大雨があって土壌溶液が地下水に排水されると、養分も一緒に流出してしまう。これではせっかく堆肥や化学肥料で養分を与えても、その役目を果たせない。ところが、土は土壌溶液に溶けたイオンを保持するしくみを持っている。

6　養分イオンを土が保持するしくみ

土壌溶液に溶けている養分イオンが、排水とともに簡単に流出するということはあまりない。まさに自然はうまくできている。土が電気を帯びていて、その電気で静電気的に養分イオンを引きつけて保持しているからだ。すなわち、土は陽イオンを引きつけるマイナスの電気（負荷電）と、陰イオンを引きつけるプラスの電気（正荷電）を持っている。

土が電気を帯びるとはにわかに信じられないかもしれない。しかし、土が持つ負荷電や正荷電には、土壌溶液中にイオンとして溶けて存在する植物の養分を保持するという重要な役割がある。養分が土に保持されているので、作物に養分を安定して供給することに役立っている。この土の重要な性質を世界で初めて発見したのは、イギリスのトンプソンとスペンス、そしてウエイであった。いずれも1850年の同じ学術雑誌（イングランド王立農学会誌）に論文発表している。両者の結論はともに「土のこの性質は今後の農業に有益なものとなるだろう」だった。事実、重要な性質なのである。

土の負荷電は2種類

土が持っている負荷電には2種類ある。一つは土の周りの状況がどんな状況でも常に負荷電として安定して機能する荷電である。この安定した負荷電は、土の原料である岩石が化学的な風化作用を受けて変質し、新たにできた物質（粘土鉱物という）の結晶の中で、その結晶の構成成分と、その成分と大きさのよく似た成分とが自然条件で入れ替わる（これを同型置換という）ことで発生する。入れ替わったほうの成分が持っているプラスの電気の数が、結晶を構成していたもとの成分のプラスの電気の数よりも少ないと、もとの成分に引きつけられてつりあっていた負荷電は行き場を失って余ってしまう。この余った負荷電が安定した負荷電として機能し、プラスの電気を持つ陽イオンを静電気的に引きつけて保持する。そもそも、なぜそのような同型置換が起こるのか、その理由は現在もなおよくわかっていない不思議な自然現象である。

もう一つの負荷電は、土の周りの酸性度（pH）の影響を受ける荷電である。土の酸性度が弱まり、pHが上がる条件になると、負荷電として機能する。この負荷電が発生するのは、土の有機物（土に黒い色を与える物質）や粘土鉱物の結晶などの端末である。ところが不思議なことに、酸性度が強まりpHが下がると、この負荷電はプラスの電気を帯びている水素イオンを静電気的に強く引きつけ、引きつけられた水素イオンが負荷電をふさぐことから負荷電の機能がなくなる。

土の正荷電はすべて酸性条件で発生する荷電

一方、土が持っているプラスの電気（正荷電）はすべて、pHが下がり酸性度が強まった時に、土の有機物や粘土鉱物の端末に発生する荷電である。先に述べたように、もともとこの負荷電は水素イオンを強く引きつける性質がある。ところが、水素イオンが増えて酸性度がさらに強まると、増えた水素イオンが過剰に引きつけられ、過剰となった水素イオンのプラスの電気が正荷電としての機能を持つようになる。火山灰からできた土（黒ボク土）のように土の有機物が多く黒い色の強い土は、そうでない土よりも酸性条件で正荷電が多くなる。逆に酸性度が弱まりpHが上がると、正荷電の発生は減少するか、もしくはなくなる。土のpHに関わらず、常に安定して土が正荷電を帯びるということはない。

土は全体としてみると負荷電のほうが多い

わが国では一般に、土が強い酸性とならないように酸性改良を施すように勧められている。酸性改良された土では、正荷電の発生量が少なくなる。これに対して負荷電のほうは比較的安定して認められる。このため土を全体としてみれば、マイナスの電気を帯びている負荷電のほうが多くなる。したがって、プラスの陽イオンとして存在する養分（表2の化学記号で＋がついている養分）は、土によく保持される。しかし、マイナスの陰イオンとして存在する養分（表2の化学記号で－がついている養分）は、土の負荷電とマイナスどうしとなるため静電気的に反発しあう。このため、陽イオンに比べると保持されにくく、地下水に流出しやすい。窒素やリンの養分の形態の一つである硝酸イオンやリン酸二水素イオンなどが水質汚濁の原因となりやすいのは、これらが陰イオンであるため地下水に流出しやすいからである。

こうして養分イオンは、土が持つ負荷電や正荷電によって土に静電気的に保持されている。土に保持されている養分は、土壌溶液中のイオンとイオン交換することで土の荷電から解放されて、土壌溶液へ放出される。そして溶液中へ移行した養分イオンは、植物の根から吸収されていく。

7　植物が根から水や養分を吸収するしくみ

植物が養分を根から吸収することは、今では誰もが知っている。しかし、土壌溶液に溶けている養分イオンが根の中にどのようにして吸収されて植物体内に入り込むのかとなると、ちょっと首をかしげてしまわないだろうか。

植物は動物とちがって、危険にさらされてもどこかに逃げて避けるということができない。このため、土壌溶液中に植物にとって有害な物質イオンが溶けて根の周りにやってきた時、そのイオンを避けて吸収しないようにしなければ生命の危機に直面する。つまり、植物の養分吸収というのは、土壌溶液に溶けている物質を、溶液の吸収と同時に根の中に取り込むというような、単純な話ではない。植物は健康で正常に生育できるように、必須養分を含め自分自身に必要なものだけを選択して体内に取り入れ（選択吸収という）、土壌溶液に溶けた不要で有害なものは根の細胞の中に取り込めないような素晴らしい吸収のしくみを持っている。そのしくみの概要を眺めてみよう。

植物の細胞は細胞膜と細胞壁で包まれている

植物の体は多数の細胞によって構成されている。養分吸収の場である根も同じで、根の細胞は細胞膜で囲まれ、細胞膜は細胞壁に包まれている【図8】。細胞壁は植物だけが持つ組織である。動物の細胞は細胞膜に包まれているだけで、細胞壁を持たない。

細胞壁はザルのような網目構造となっていて、水（ここでは、物質を溶かす物質（溶媒）としての純水H_2Oのことを意味する。以下同様）はもちろんのこと、養分イオンや、それ以外の土壌溶液に溶け

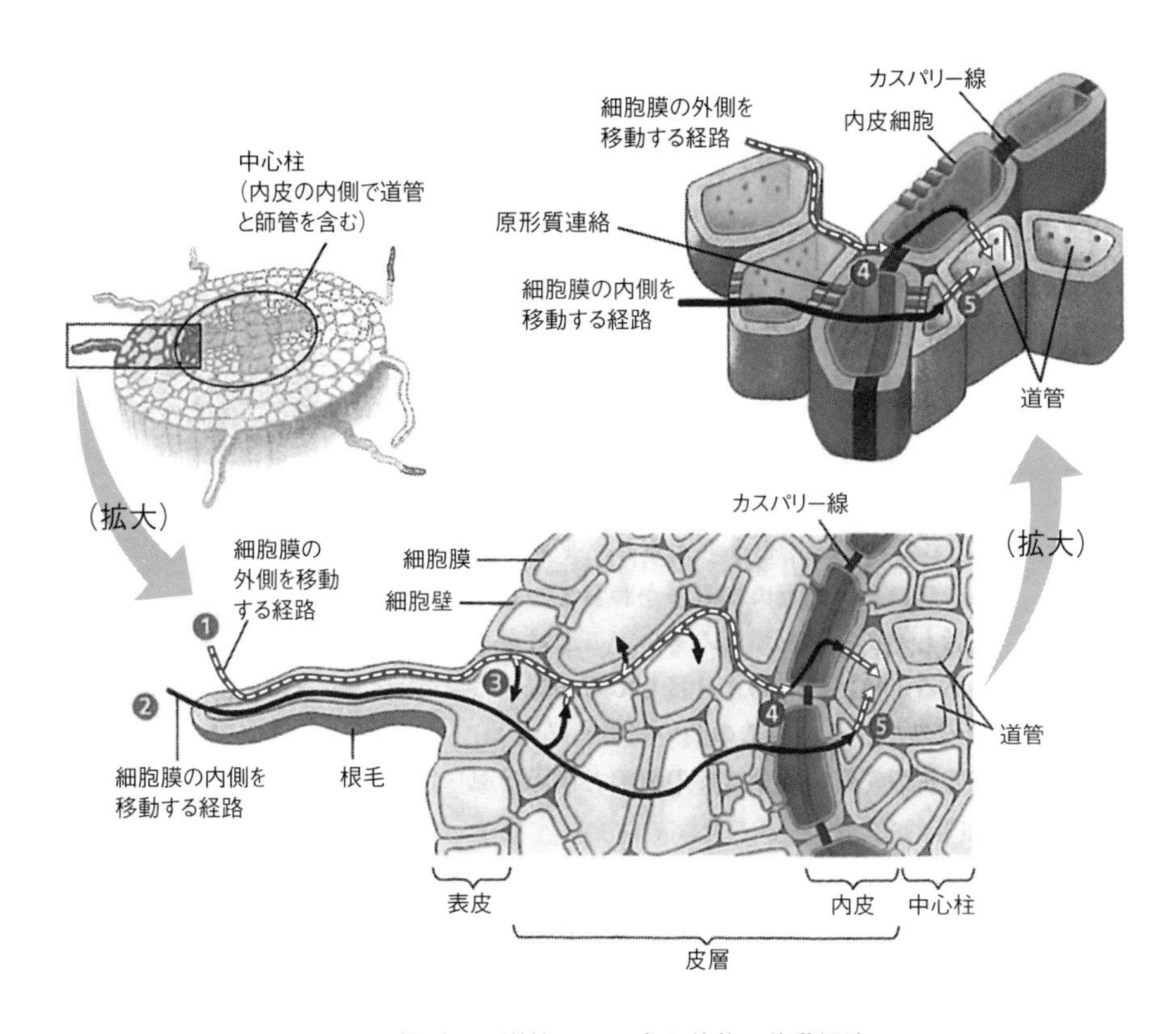

図8　根毛から道管までの水と養分の移動経路

（リースら（2013），一部加筆）

①水や養分が細胞膜の外側（細胞壁や細胞と細胞のすき間など）を移動して皮層へ移動する経路。しかし，内皮のカスパリー線でさえぎられる
②水や養分が根毛の細胞膜の内側（細胞の内部）から原形質連絡を通って隣の細胞へ移動し，道管に移動する経路
③水や養分は細胞膜の外側を移動していても，途中で細胞膜を通過して細胞膜内移動に加わることもある
④内皮の細胞は，上下と側面がカスパリー線で囲まれている。これによって細胞膜外の経路で移動してきた水や養分が，内皮細胞へ入ることをさえぎっている。すでに細胞膜内に入っている水や養分だけがカスパリー線にさえぎられることなく中心柱の中に入り込める
⑤内皮を通過してきた水分や養分は，再び細胞膜の内側から外側の細胞壁へ排出されて道管に送り込まれる。これは，道管が細胞壁と同じ細胞膜の外側の組織であるからである

ている物質（これを溶質という）の多くは自由に通過できる。細胞壁を通過してきた物質は、葉から水（水蒸気）が放出される現象（蒸散作用（注8））でつくられる植物体内の水の流れに乗り、根の中心柱を取り囲む内皮（図8の④、一つずつの細胞が輪をつくるようにつながっている組織）までたどり着く。これが図8の①の移動経路である。ここまではまだ細胞膜の外での移動であり、水と養分イオンは細胞膜の内側に入っていない。つまり、まだ植物に吸収されたという状態になっていない。

細胞膜内に入るための最後の関門—カスパリー線

内皮の細胞壁はカスパリー線という組織で、リボンをかけたように帯状に囲まれている。図8の①の経路で、細胞壁を通過してきた水や養分イオンは、このカスパリー線に到着しても、ここでせき止められて中心柱へ移動できない。カスパリー線は、木材の主成分リグニンや脂質の一種スベリンが蓄積してできており、物質を自由に通過させないからである。

図8の①の経路とは別に、水や養分イオンが、いきなり根毛の細胞膜を通過し、細胞の中を移動する経路もある（図8の②の経路）。この場合は、最初に通過しようとした細胞膜で膜の内側に入ることが許されるかどうか判別される。そこで膜内に入ることが許された物質だけが、細胞膜を通過する。隣りあう細胞へは原形質連絡という細胞どうしの溝を通過する。この経路では、最初に細胞膜の中に入っているので、内皮細胞も通過できて、中心柱の道管の側まで移動できる。

問題は、図8の①の経路では内皮細胞のカスパリー線を通過しようとしたところで、②の経路では最初に細胞膜を通過する時に、それぞれ、細胞膜内に入ることが許可されるしくみである。

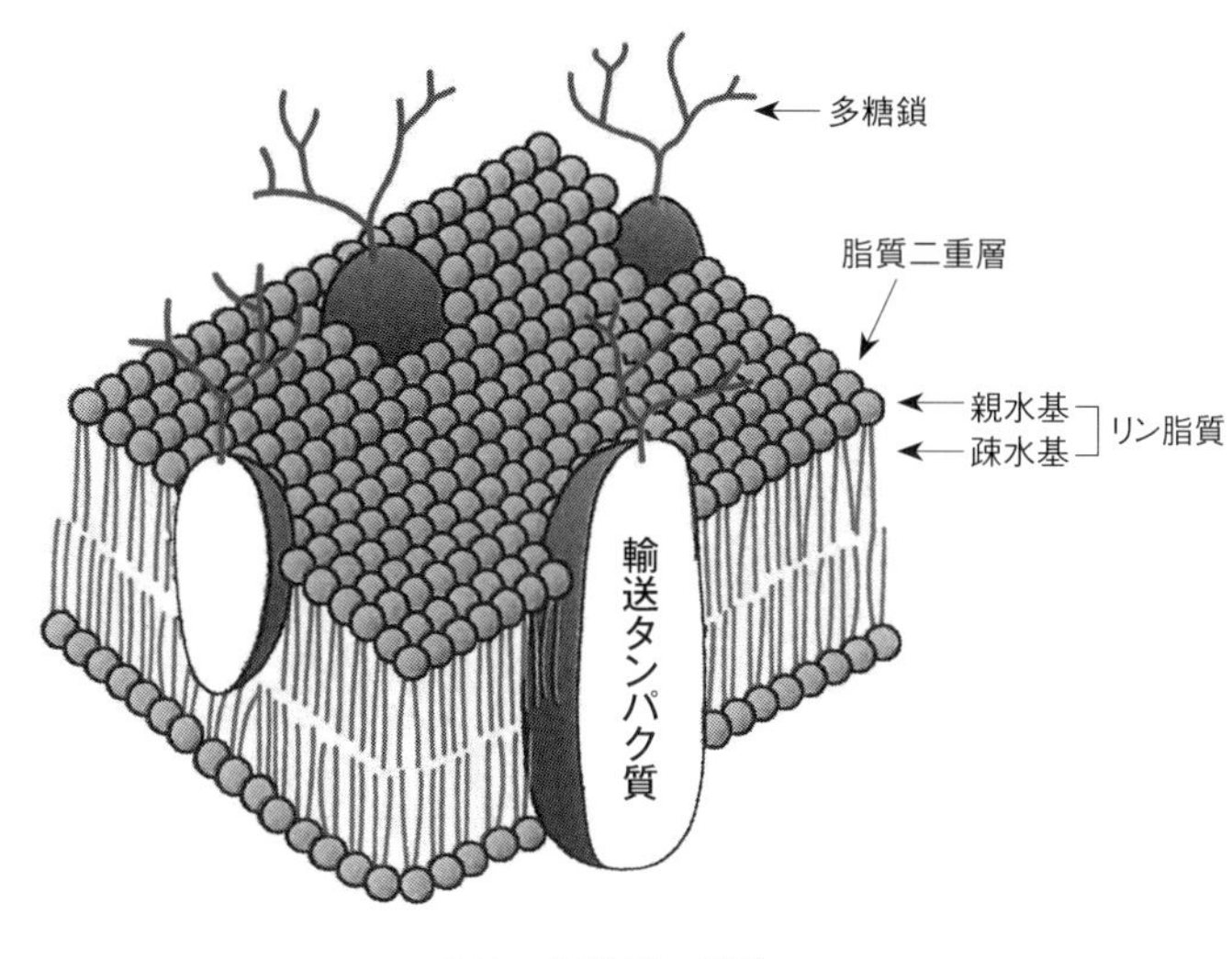

図９　細胞膜の構造
（藤原（2010），一部加筆）
リン脂質の二重層からなる細胞膜を輸送タンパク質が貫通している

細胞膜の機能と水の吸収—浸透圧と水の輸送タンパク質

細胞膜は、水となじみやすい構造を持つ部分（親水基）と、水となじみにくい構造を持つ部分（疎水基）の二つの部分で構成されるリン脂質という物質が、疎水基が隣りあうようにして二重になってできている【図９】。図にあるように、膜を貫通するタンパク質があり、これらを含めて細胞膜が構成されている。この細胞膜を貫通するタンパク質は輸送タンパク質といわれ、細胞膜での物質輸送に大きな役割を果たしている。

この細胞膜は細胞内のさまざまな物質をかかえ込んでいるので、一般に、物質濃度は細胞膜内で高く、膜外は低い。細胞膜が細胞壁のように、すべての物質の通過を許す膜（これを全透膜という）であれば、通常は高濃度から低濃度のほうへ、濃度が等しくなるように物質が移動する（これを拡散という）。しかし、この拡散を許すと、細胞膜内に吸収された養分イオンが、高濃度の細胞内から低濃度の膜外に出ていく。これでは、せっかく吸収された養分イオンは、養分として植物に利用されなくなる。

このため、細胞膜は溶媒の水を通過させるが、溶質の養分イオンなどの物質を通過させない膜（これを半透膜とい

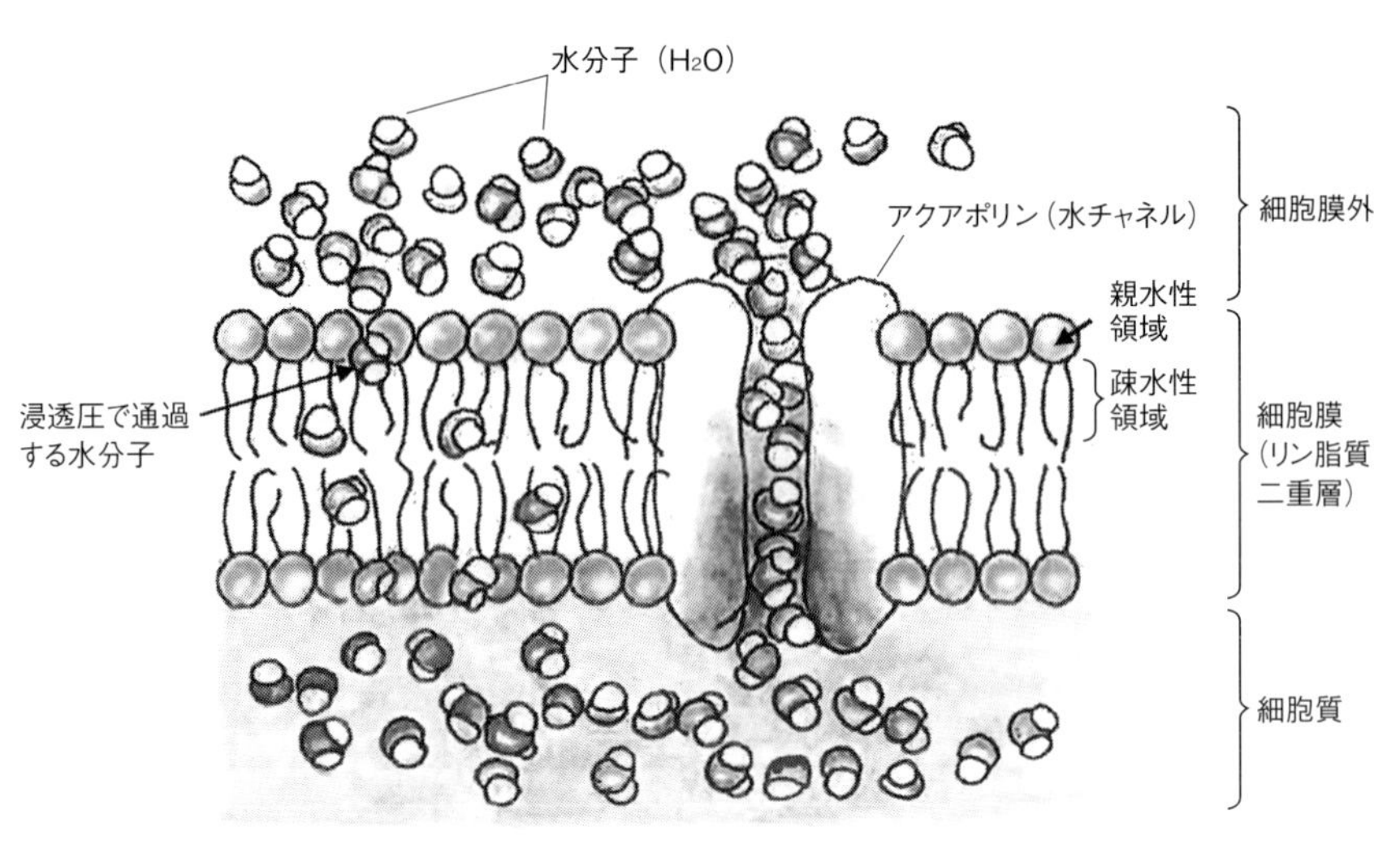

図10　細胞膜でのアクアポリン（水チャネル）による水輸送
（デイツ・カイザー編，西谷・島崎監訳（2004）の原図を平沢（2016）が改変）

う）になっている。半透膜である細胞膜を通過できる水は、細胞膜の内と外の濃度差を消すように、低濃度の膜の外から高濃度の膜内に入り込む。つまり、植物に吸収される。この現象を浸透といい、この半透膜の内と外の濃度差によって発生する圧力が浸透圧である。ところが、この浸透圧だけでの水の移動速度は遅く、植物の水要求を十分に満たせない。それを補う水専用の輸送タンパク質がアクアポリンで、水チャネルとも呼ばれる【図10】。このアクアポリンの水輸送速度は非常に速い。多くの植物細胞では、アクアポリンによって水の輸送速度が10倍以上も高まる[3]。植物が土壌溶液から水を吸収するのは、主にアクアポリンの働きである。

養分イオンが細胞膜を通過して吸収されるしくみ

─輸送タンパク質と能動輸送

土壌溶液に溶けている養分イオンが、細胞膜内に入り込むのも、輸送タンパク質による働きである。土壌溶液の溶質である養分イオンは、半透膜である細胞膜を通過できない。しかも、細胞膜内外には濃度に差があるので、養分イオンが膜内に入る、つまり、吸収されるには、その濃度差に逆らって細胞膜内に入り込まねばならない。これを可能にしているのも、細胞膜を貫通している輸送タンパク質の働きである。

この輸送タンパク質は、どんな物質でも任意に輸送するのではない。個々の輸送タンパク質には、輸送を担当する養分イオンがそれぞれに決まっている。たとえば、水の輸送には水専用の輸送タンパク質のアクアポリンがあり、窒素の養分イオンであるアンモニウムイオンには、その膜通過を担当する輸送タンパク質（アンモニウムイオントランスポーター）が用意されている。植物が、さまざまな物質が溶けている土壌溶液の中から、自分に必要な養分イオンだけを選択的に細胞膜内に取り込むことができる（選択吸収という）のは、それぞれの輸送タンパク質が固有の養分イオンを輸送する特性を持っているからである（注9）。この時、濃度差に逆らって、膜の外から内側へ養分イオンを輸送する（能動輸送という）ためには、エネルギーを必要とする。そのエネルギーをつくりだすしくみも存在している。

こうして植物は、根の周りの土壌溶液に溶けている物質から、じつに見事に、水と養分イオンだけを選択吸収し、有害で不要な物質を排除している。そうすることで、自身が移動できなくても身の危険を避けつつ、水や養分を得ている。

養分吸収の最後の仕上げは道管への移動

吸収された水と養分イオンは、根の細胞内にとどまっているわけにいかない。養分吸収の最後のしあげとして、吸収された水や養分イオンを、植物体の茎や葉といった各部位へ移動させなければならない。その移動は、中心柱にある道管を通じておこなわれる。道管は水や養分イオンなどの移動のためのパイプで、主に細胞壁で構成された細胞膜の外側の組織である。このため、内皮細胞内に入った水や養分イオンは、再び、輸送タンパク質の輸送で細胞膜外へ出て道管に移動する（図8の⑤の移動）。

こうして道管にたどり着いた水や養分イオンは、それぞれが必要とされる植物の葉や茎などへ移動し、そこで栄養素として利用されて、植物の栄養となる物質につくり変えられていく。

8　養分吸収の例外的なしくみ

植物の養分は、原則として土壌溶液に溶けたイオンの形態（表2）で植物に吸収される。これは輸送タンパク質が担当する養分を、主にイオンの形態で輸送するからである。窒素やカリウムといった、土壌溶液に溶けやすい物質に由来する養分ならそれで問題ない。しかし畑の土の中でみると、必須養分のうち、リンや鉄は、水に溶けにくい物質（難溶性物質）として存在することが多い。このため、畑作物にとって、リンや鉄は吸収しにくい必須養分である。ところが、植物はそういう養分にも対策を用意して吸収している。

難溶性リンからのリン吸収のしくみ

畑状態で、リンは、難溶性物質であるリン酸アルミニウムやリン酸鉄として存在していることが多い。このほか、そのままでは吸収できない有機態リン（注10）として存在することもある。こうした水に溶けてイオンとなりにくいリンを吸収できるように、植物は根の細胞内で有機酸（クエン酸、シュウ酸、ピシジン酸など）を生産し、輸送タンパク質を通じて根の周りの土へ排出したり（この現象を分泌（ぶんぴつ）という）、酸性フォスファターゼという酵素を根の外に分泌したりする【図11】。

分泌された有機酸は、土にあるリン酸鉄やリン酸アルミニウムなどの物質の結合をはがして溶かす性質を持っている。溶けてリン酸イオンとなったリンは、輸送タンパク質を通じて細胞膜の中に運ば

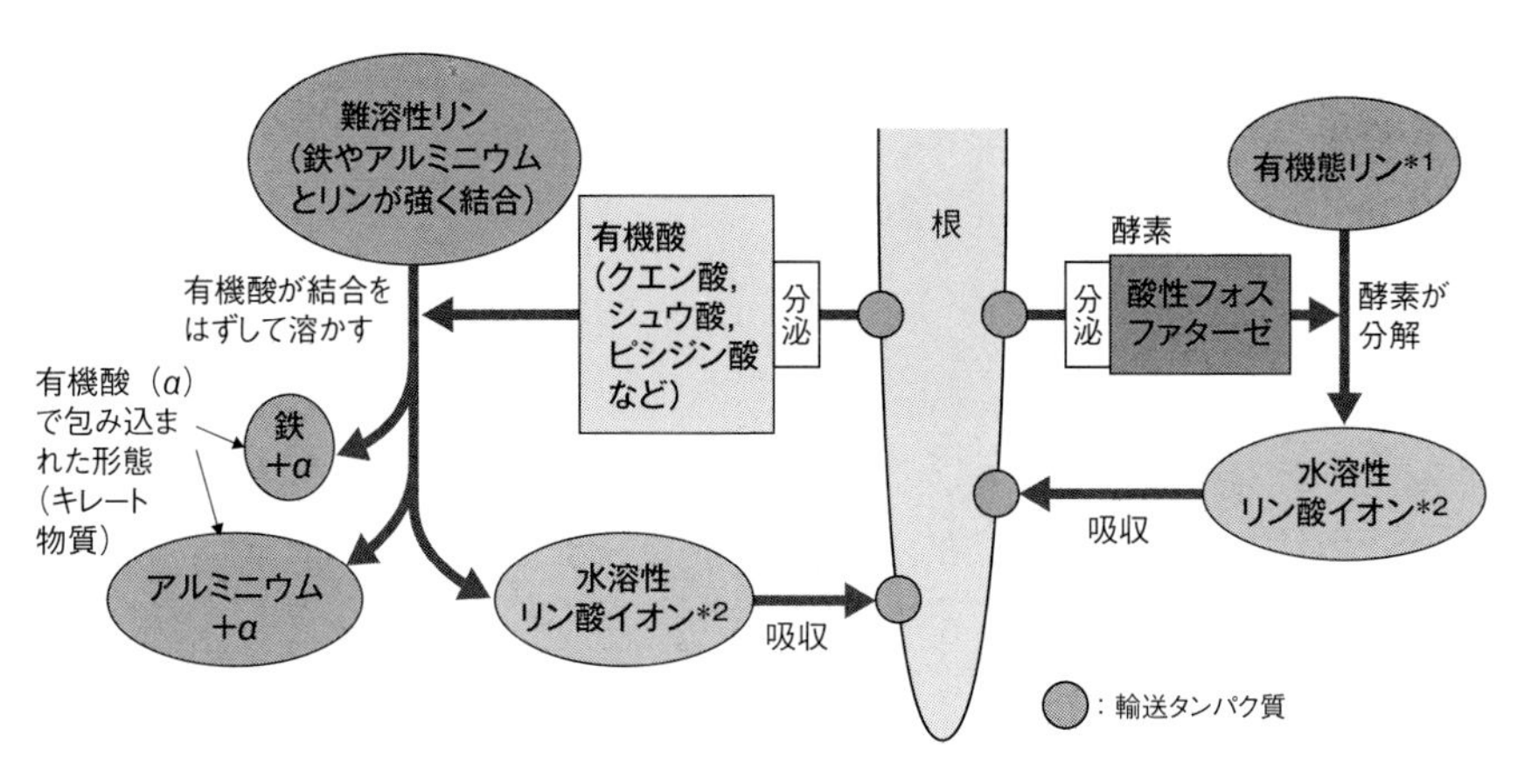

図11　根からの分泌物による難溶性リンや有機態リンの吸収のしくみ
（渡部（2012），一部加筆）

＊1　代表的な有機態リンは，イノシトールリン酸である。さらに動植物や微生物に由来する核酸や，リン脂質なども有機態リンである

＊2　水溶性リン酸イオンの主な形態は，リン酸二水素イオンやリン酸水素イオンである

れて取り込まれる。また結合から引きはがされた鉄やアルミニウムはそのままイオンとして土壌溶液に残るのではなく、有機酸がそれらを包み込んだ形態に変化して（これをキレート化という（注11））、リンと再結合しないようにする。また、酸性フォスファターゼは、根の周りに存在している有機態リンに作用し、酵素分解することで水溶性リン酸イオンを土壌溶液に送り出す。送り出されたリン酸イオンは植物の養分として吸収される。

難溶性鉄からの鉄吸収のしくみ

畑状態の鉄は酸化鉄（鉄サビと同じ物質）となっていて、土壌溶液に溶けにくい難溶性物質として土に存在している。このままであれば、植物は鉄を吸収しにくく欠乏してしまう。しかし、畑状態で生育する植物は、リンの場合と同じように、根から難溶性の鉄（三価鉄、Fe^{3+}）を溶かす物質を分泌することで鉄を吸収している。この鉄吸収のしくみは、イネ科植物とそれ以外の植物でちがっている。

イネ科植物は根の細胞内でつくったムギネ酸（注12）という有機酸を、輸送タンパク質を通じて細胞膜の外である根の周りに分泌する。これによって溶けにくい三価鉄はムギネ酸で包み込まれた状態（キレート化合物）となり、それがそのまま吸収される。これは、鉄とムギネ酸でつくられたキレート化合物を、そのまま輸送するタンパク質がイネ科植物の細胞膜に存在しているからである[4)]。

イネ科植物以外の植物は、同じように難溶性鉄（三価鉄）を溶かすゆるいキレート化合物（フェノール性酸）を根から分泌し、その物質で三価鉄を包み込んで細胞壁に持ち込む。すると、細胞膜表面に存在している酵素（三価鉄還元酵素）が働き、二価鉄（Fe^{2+}）に変えられる。そしてこの二価鉄の輸送タンパク質によって細胞膜内に取り込まれて吸収される。このほか、根の周りの酸性度（pH）を下げるように、根の細胞から水素イオンを放出する輸送タンパク質があり、酸性度を強くして（pHを下げて）三価鉄を溶かし、細胞壁に持ち込むしくみもある。

有機物の吸収を担当する輸送タンパク質の発見

これまでの養分吸収のしくみは、シュプレンゲルとリービヒの無機栄養説を基本として考えられてきた。しかし、１９７０年代以降、ある種の植物が有機物を養分源として吸収するという事実が報告されるようになってきた。こうした事実は、無機栄養説では説明できない現象である。しかし、そうした植物による有機物の吸収が不可能ではないことが、有機物の細胞膜内への移動を可能にする輸送タンパク質の発見で裏づけられている。たとえば、アミノ酸のような有機物や、アミノ酸がいくつか結合した物質の輸送タンパク質[5)]や、すでに述べたイネ科植物の難溶性鉄の吸収で、鉄・ムギネ酸キレート化合物という有機物の輸送タンパク質[4)]などである。

かつて、テーヤの有機栄養説と、シュプレンゲルとリービヒの無機栄養説とは対立的に議論されていた。しかし、ここで述べたような事実から、近い将来、両者を満足させる新しい説が見つけ出されるにちがいない。

9　植物による窒素利用のしくみ──植物に必須アミノ酸はない

吸収された養分イオンは、その養分が植物の栄養に役立つ物質の構成成分となるか、植物体内でのさまざまな反応に関わって植物の栄養を支える。その一例として、植物が窒素の養分イオンであるアンモニウムイオンと、葉の光合成でつくられた炭水化物を利用してタンパク質をつくるしくみを眺めてみる。

体内でアミノ酸が合成されるしくみ

アンモニウムイオンの窒素や水素は、タンパク質の構成成分で植物の重要な養分である。しかし、アンモニウムイオンが多量に植物の地上部に送り込まれると光合成を妨害するなど、植物に悪影響を与える。このため、多くのアンモニウムイオンは、根の細胞内に取り込まれるとすぐにアミノ酸に合成されて、無毒化される。その経路を示したのが【図12】である。

植物の根の細胞に取り込まれたアンモニウムイオンは、まずグルタミン酸というアミノ酸と結合してグルタミンというアミノ酸になる。この時の反応はグルタミン合成酵素の働きである。このグルタミンは、光合成でつくられた炭水化物が、植物の呼吸によって分解される過程の中間産物である2−オキソグルタール酸という有機酸と反応して、二つのグルタミン酸に変わる。この時の反応は、グルタミン酸合成酵素の働きである。二つできたグルタミン酸のうち、一つは再びアンモニウムイオンと結合してグルタミンをつくるために利用される。もう一つのグルタミン酸は、2−オキソグルタール

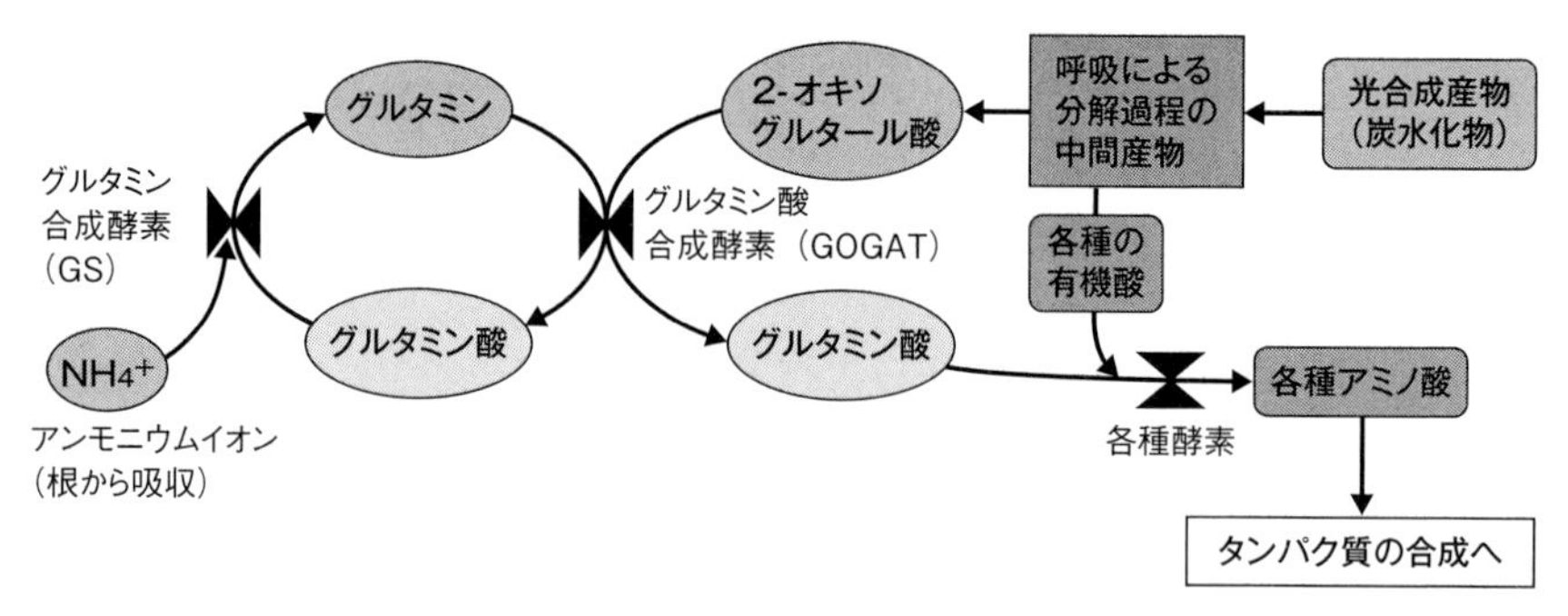

図12　アンモニウムイオンから各種アミノ酸が合成されるしくみ
このしくみをGS-GOGATシステムという

酸の場合と同様に、光合成産物が植物の呼吸によって分解されるときの、中間産物である各種の有機酸と反応して、各種のアミノ酸合成の原料となる。この場合の反応も、それぞれの反応を助ける酵素による働きである。こうして植物自身に必要なアミノ酸のすべてがつくられていく。つくられたアミノ酸を原料にして、タンパク質がつくられる。

必要な外部原料はアンモニウムイオンだけ

アミノ酸合成のしくみから気づくことがある。それは、植物がアミノ酸を合成するために、外部から持ち込まなければならない原料は、アンモニウムイオンだけということである。もう一つの原料の光合成産物（炭水化物）は、植物自身がつくっているからである。このことを可能としたのは、グルタミンとグルタミン酸を合成する二つの酵素である。この酵素の働きがあるからこそ、植物はアンモニウムイオンのような単純な物質から複雑なアミノ酸を合成できる。

一方、私たちは、タンパク質をつくるために必要なアミノ酸のすべてを自前でつくることができない。そのため、食べものから必要なアミノ酸を取り入れる必要がある。これが必須アミノ酸である。植物はタンパク質の合成に必要なすべてのアミノ酸を自前で合成できる。したがって、植物には必須アミノ酸というものはない。

近年、植物の根の細胞膜にアミノ酸輸送タンパク質が発見されてきたため、アミノ酸を肥料として与えることが出てきた。植物体内でアンモニウムイオンからアミノ酸合成の過程を経由しなくてもよいので、効率良く窒素が利用されるという利点がある。しかし、植物自身は必要なアミノ酸をすべて合成することを前提に生育しているので、必ずしもアミノ酸という形態で栄養分を受け取る必要はない。動物の必須アミノ酸のような物質が植物にもあるというような誤解は避けるべきである。

硝酸イオンからアミノ酸が合成される過程

アンモニウムイオンは【図12】の経路をたどってアミノ酸となり、その後タンパク質になっていく。このアンモニウムイオンは、水田では比較的安定して土の中で存在できる。水田が水で覆われているため、空気中の酸素に触れにくい条件（還元条件）にあるからである。ところが畑のように空気中の酸素に触れやすい条件（酸化条件）では、アンモニウムイオンは土の微生物の働きで硝酸イオンに変化する。これが硝酸化成作用である。したがって畑作物などが吸収する養分としての窒素の形態は硝酸イオンが主体である。この場合、どのようにしてアミノ酸が合成され、タンパク質の材料となるのだろうか。ここでも植物はじつに巧みなしくみを用意している。

植物に吸収された硝酸イオンがアミノ酸の原料となるには、硝酸イオンがアンモニウムイオンに変化し、図12のアンモニウムイオンからアミノ酸合成されるしくみに組み込まれていく必要がある。その働きをおこなうのが、硝酸還元酵素と亜硝酸還元酵素である【図13】。いずれも酵素反応で硝酸イオンをアンモニウムイオンへ変化させる。多くの硝酸イオンは根で吸収されると、そのままの形態で道管を通って葉へ移動する。葉は日光によく照らされ、この酵素反応に必要な光エネルギーを獲得しやすいからである。しかも、都合がよいことに、硝酸イオンはアンモニウムイオンとちがって、蓄積

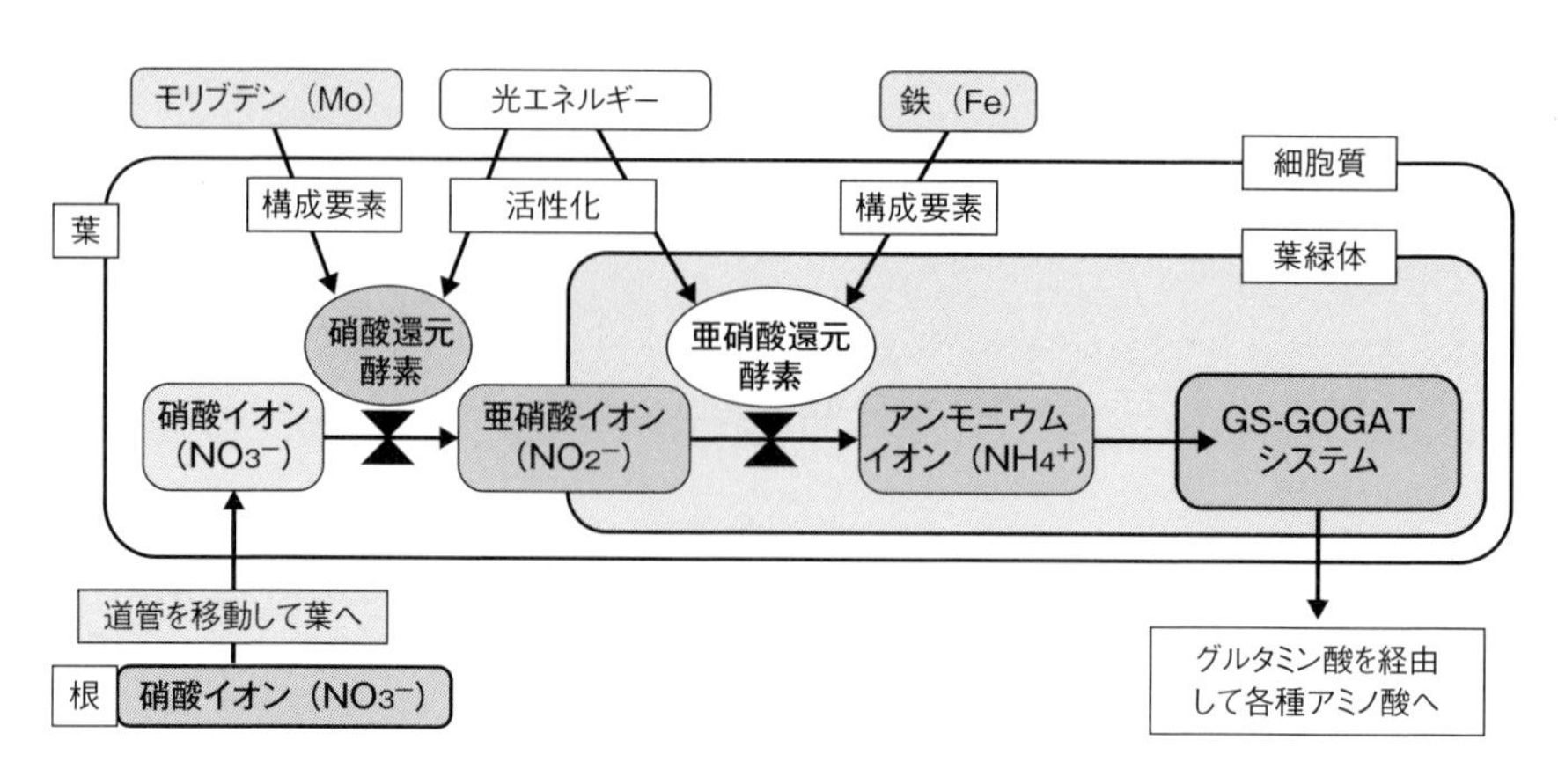

図13　硝酸イオンから各種アミノ酸が合成されるしくみ

しても植物に悪影響を与えない。葉へ移動した硝酸イオンは、硝酸還元酵素の働きで亜硝酸イオンに変化する。さらに亜硝酸イオンは、亜硝酸還元酵素でアンモニウムイオンに変化する。そして、アミノ酸合成の経路【図12】に入り、この後はすでに述べた反応を経て必要なアミノ酸合成がおこなわれる。

アンモニウムイオンの過剰蓄積を防ぐしくみ

ここで問題となるのは、硝酸イオンからアンモニウムイオンに変化させる酵素反応の速度と、できたアンモニウムイオンがアミノ酸合成に取り込まれていく速度の関係である。もし前者の速度が後者の速度を上回ると、この酵素反応でできたアンモニウムイオンが葉に蓄積してしまう。しかし、これは避けなければならない。アンモニウムイオンの蓄積は植物に悪影響を与えるからである。そうならないように、硝酸還元酵素はアンモニウムイオンを蓄積させせない機能を持っている。

硝酸還元酵素は硝酸イオンが吸収されることによって酵素反応を活性化させ、亜硝酸イオンをつくる。しかし、この亜硝酸イオンが亜硝酸還元酵素の働きでアンモニウムイオンになると、それがアミノ酸合成に組み入れられて細胞内で無毒化されるまで、硝酸還元酵素は自身の酵素活性を抑制する。つまり、硝酸還元酵素はむやみにアンモニウムイオンをつくらないように酵素活性を自己規制している。これによって、硝酸イオンがアンモニウムイオンに変換される速度と、酵素反応でできたアンモニウムイオンがアミノ酸へ変換される速度との間でバランスが維持されている。この硝酸還元酵素のように、状況に応じて目的にかなうように反応活性の調節機能を持つ酵素を適応酵素あるいは誘導酵素という。

硝酸還元酵素が適応酵素であるのは、窒素栄養源として硝酸イオンを主に吸収する多くの植物にとって、アンモニウムイオンの過剰蓄積という危険性を避けるために、とくに重要なことである。

10 有機物か無機物か、養分の形態を対立的に考える必要はない

これまで見てきたように、動物のように自由に動くことができない植物は、じつに巧みなしくみで必要な養分を吸収し、自身に有害な物質を排除している。植物の養分吸収は、植物が生命を維持し健康に生活していくために最も重要な働きである。私たちが食べものを食べて栄養をとること、それが健康維持の必須条件であるのと同じである。養分吸収は植物にとっての食べもの、すなわち必須養分を体内に取り入れることにほかならないからである。

その必須養分を供給するために、有機農業では、原則的に堆肥などの有機物だけを養分源として用いる。一方、慣行農業の養分源は、無機物である化学肥料の使用も認めている。この両者の養分源のちがいは、作物を含む植物の養分吸収からみて意味があるちがいなのだろうか。

植物は吸収する養分の養分源を問わない

植物は養分吸収で、吸収する養分がどの養分源から根にやって来たのかを問わない。養分吸収を担う輸送タンパク質は、自分が輸送を担当する養分イオンの養分源を問うことなく、有機質肥料由来で

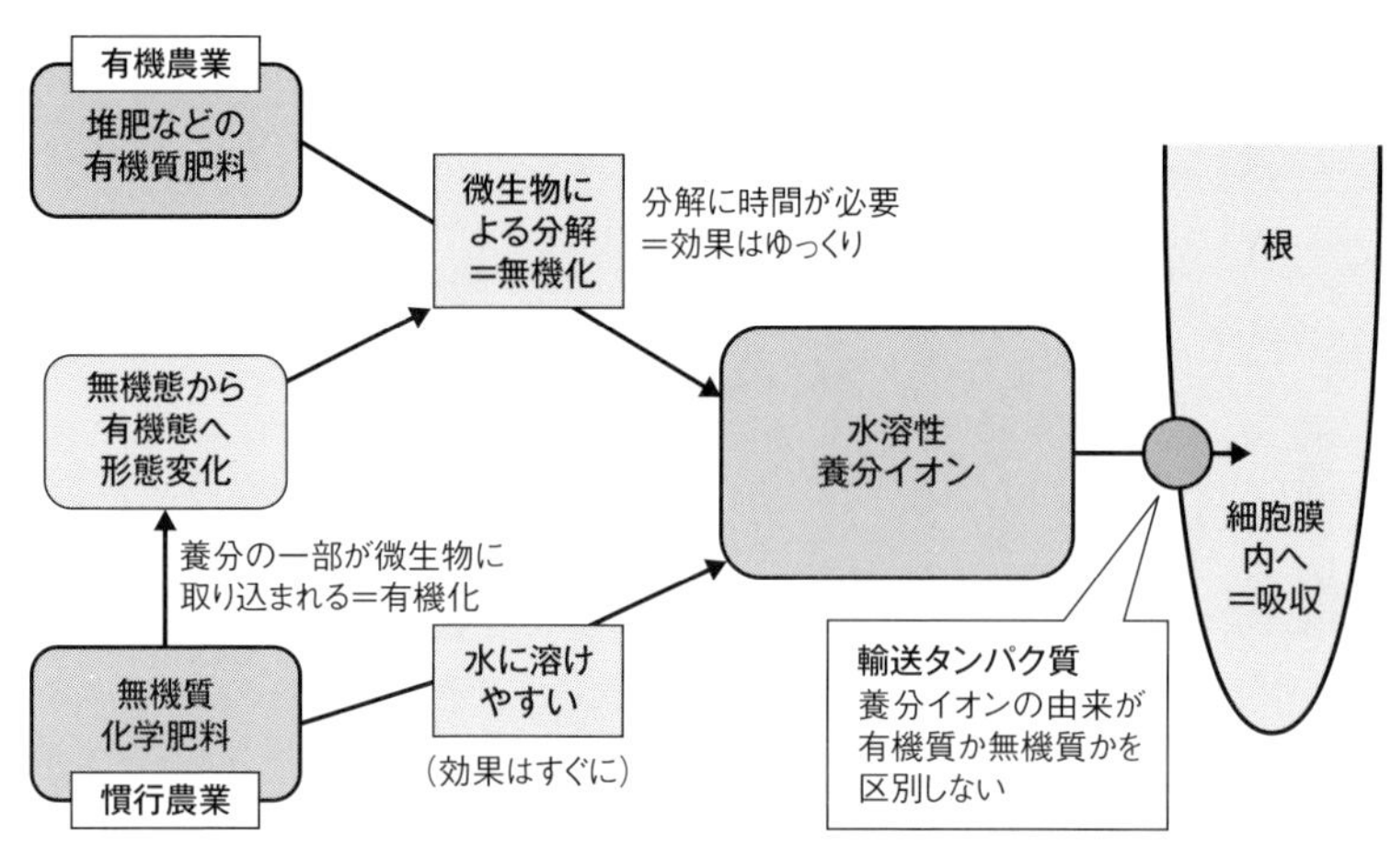

図14　植物の根は養分イオンの由来を区別しないで吸収する

も、化学肥料由来でも、同じ養分イオンとして、根の細胞膜内に輸送して養分吸収を完成させる【図14】。有機質肥料と化学肥料のちがいは、前者では有機態の養分が微生物によって分解され、無機化して養分イオンとなる必要があるのに対して、後者では養分がもともと無機態の形態であるため無機化の必要がなく、すぐに土壌溶液へ溶け込み養分イオンとなることである。

ただし無機質の化学肥料であっても、土に与えられると、窒素やリンの一部は微生物に取り込まれて、微生物体のタンパク質や核酸、リン脂質などの有機態に変化することがある（これを有機化という）。それゆえ、化学肥料の、とくに窒素やリンはすべてが無機物のまま土に残っているということもない。さらに、化学肥料の無機態から土の中で有機態に変化した養分も、有機質肥料の場合と同様、微生物による無機化を経て、植物に吸収される【図14】。要するに、土の中では養分の形態が微生物の働きで変幻自在に変化しているため、養分源の由来を問うこと自体が意味を持たない。

有機態の必須養分は発見されていない

ある物質が植物にとって必須養分であるためには、その物質が養分としての必要性、非代替性、そして直接性の三つの条件を満たす必要がある。このことは本章4節で詳しく述べた。養分が有機態の形態で与えられず無機態だけの水耕栽培で、植物が健康に生育をまっとうできることは誰もが知っている。この事実は、植物に有機態の養分が仮に必要であったとしても、それを無機態の養分イオンが代替し、植物を正常に生育させたことを示している。つまり、現時点で有機態の物質で、植物の必須養分としての3条件を満たす物質がみつかっていないことをも示している。

もちろん、このことで養分としての有機態を否定し、有機態の養分に価値がないことを指摘したいわけではない。有機態の養分にはゆっくりとした養分供給効果があり、そうした特徴を生かして作物栽培に利用することは、高品質で多収を目指すうえできわめて重要である。事実、有機態窒素を与えるほうが、無機態窒素だけよりも良好な生育を示す作物があるという報告も多い。それゆえ、有機態窒素の養分効果は明らかで、それを有効に利用することは作物生産に大きく寄与できる。

問題なのは、とくに有機農業を熱心に支持する皆さんが、慣行農業で養分源として無機態の化学肥料を利用することを否定し、養分の形態を有機態だけに限定するかのように対立的に主張されることである。そのような主張は、植物の養分吸収や吸収した養分の利用のしくみから考えると、大きな意味を持たない。養分の形態が無機態であるか有機態であるかは、栽培しようとする作物の養分要求の性質や、作物に求める品質などによって決めることである。

注1　有機物とは、炭素を含み、さらに酸素や水素などとともに構成された複雑な物質をいう。加熱すると燃えて二酸化炭素と水を発生させるという特徴を持つ。一酸化炭素や二酸化炭素、さらには炭酸や炭酸カルシウムのように炭素を含むが、単純な物質は有機物から除外され、無機物として扱われている。無機物とは、原則として炭素を含まない物質で、加熱しても二酸化炭素を発生させない。代表的な無機物である鉱物をミネラルということから、無機物のことをミネラルということもある。

注2　同じような言葉で、酸性に対してアルカリ性という言葉がある。その語源はここでいう植物の燃えカスの灰「アルカリ」

で、「アルカリ」の水溶液が示した性質に由来する。

注3　硝酸カリウムのこと。火薬の原料になる。牛舎のようなところは、家畜のふん尿が落とされて土の中にふん尿の成分がしみこむ。その状態で乾燥条件におかれると、土の中の水が蒸発し、土の中に溶けていた物質が表面に残り、それらが反応して自然にできる物質である。

注4　ウッドワードの時代、下水道はまだ設置されておらず、ロンドンで発生するし尿（人のふん尿）はテムズ川に流れ込んでいた。このため、テムズ川は強烈な悪臭を発生させていた。ロンドンで下水道工事が始まったのは1855年である。

注5　この条播機はコーク（1754～1842）によって、飼料用カブの種まきに導入された。これによって、ノーフォーク農法が確立された（詳細は、3章3節の「ノーフォーク農法」の項目を参照）。

注6　畑に毎年ちがう作物、たとえばバレイショ—秋コムギ—テンサイ—ダイズなど、4年かけて一巡する作物の栽培方法のこと。逆に、同じ畑に同じ作物をつくり続けることを連作という。畑で連作すると作物に障害がでることが多い。したがって、畑作物の栽培は輪作が基本である。

注7　ウェーラーの実験は、尿素をつくることが当初の目的ではなかった[6]。しかし、結果的に彼は、実験でできた物質が尿素であることを確認した。ただし、このウェーラーによる尿素の合成で生気説が一気に消滅したわけではない。生気説が消滅するには有機化学が発展する19世紀後半まで待たねばならなかった。

注8　植物が光合成で二酸化炭素を葉から取り入れる時（取り入れるすき間が気孔である）、同時に水（水蒸気）を大気に放出する。これが蒸散作用である。これによって細胞内へ水を引き込む力がつくられ、植物体内に水の流れを生み出している。

注9　輸送タンパク質が輸送する相手は、イオンの形態であることが絶対条件ではない。光合成産物を植物体内に移動する時の形態であるショ糖（ブドウ糖と果糖が結合した糖）は電気を帯びていないのでイオンではない。しかし、そんなショ糖を輸送するタンパク質も用意されている。

注10　代表的な有機態リンはフィチン酸である。米ぬかなどに含まれる成分で、土の中でもこの形態で存在している。その他、動植物や微生物の遺体に由来する核酸や細胞膜を構成していたリン脂質なども有機態リンである。

注11　キレートというのは、「カニのハサミ」という意味のギリシャ語に由来する。物質を有機酸がカニバサミのように包み込むことがキレート化である。

注12　ムギネ酸は、岩手大・高城成一教授が発見した物質である[7]。オオムギの根から大量に分泌することにちなんでムギネ酸と命名された。それまでのイネ科植物以外の鉄吸収のしくみでは、イネ科植物の鉄吸収を説明しきれなかった。しかし、この発見でそのしくみが解明された。まさに歴史的大発見であった。

3章

食べものが生産される場としての土

私たちの食べものになる作物は、土の水分（土壌溶液）に溶けた養分イオンを吸収し、それを栄養源にして生育する。もちろん、養分イオンが溶けている溶液で作物を栽培する水耕栽培もある。しかし、それは一部であって、作物を栽培するのは、田んぼや畑など農地の土を利用するのが一般的である。

その土は、地球が誕生したときからこの地球にあったのではない。地球が誕生したとき地球はマグマそのもので、土はなかった。その土がどのようにして私たちの食料生産の場になっていったのか、そしてその土はどのように管理されてきたのか。この章では食べものを生産する場としての土のことを考えたい。

1 原始地球に土はなかった

土が地球に誕生するまで

今、私たちの足元には土がある。とはいえ、都会でアスファルト舗装された中で生活している人には、土があることさえ忘れているかもしれない。そんな人たちでも、郊外に出て広がる農地や野山を眺めると、そこに土のある風景に巡り会えるはずだ。それが日常である。その土なのだが、現在の私たちが考える土に似た物質がこの地球上に登場したのは、今から6億年ほど前と考えられている。そして、私たちがイメージする土が登場したのは3億年ほど前である。地球上に土が誕生するには、それなりのドラマがあった。

今から46億年前、宇宙の小惑星どうしが激突しあい、エネルギーを蓄積しながら徐々に大きくなって地球が誕生した。誕生直後の地球はマグマがむき出し状態で、１０００℃以上にもなっていた。その後、小惑星の衝突が減り、時の経過とともにマグマが冷えていった。表面の温度が300℃くらいになったとき、水蒸気が豪雨になって地上に降りそそいだ。それが海をつくった。およそ40億年も前のことである。この海は高温で、しかも塩酸を主成分とする強酸性だった。マグマから排出されたさまざまなガスを雨が溶かし込んだためである。

そのころの大気は、二酸化炭素（炭酸ガス）が全体の97％もしめていた。二酸化炭素は強酸性の海に溶け込むことができなかった。しかし、岩石から溶け出した成分が海を徐々に中和していくと、二酸化炭素が少しずつ海に溶け込んでいき、酸性の海の中和がさらに進んだ。

そして生命はまず海中に宿った。太陽から降りそそぐ紫外線は生物に有害で、それを避けられるのは海中だけだったからである。それは、およそ38億年前のことと考えられている。生命の始まりは、酸素のない条件、つまり嫌気的条件でも生育できる細菌であったようだ。

20億年前まで時が進むと、海中の生命の中に光合成の機能を身につけるものが現れた。それがシアノバクテリア（ラン藻）（注1）である。シアノバクテリアは大気中の二酸化炭素を吸収利用し、酸素を放出し始めた。その結果、大気に酸素が徐々に含まれるようになった。そして今からおよそ6億年前、大気の酸素濃度が2％にまで増え、オゾン層が大気中にでき始めた。

オゾン層は太陽からの紫外線を遮断してくれた。生物に有害な紫外線がさえぎられることで、海洋生物の上陸を可能にした。上陸をはたした生物の始まりは地衣類（注2）だった。地衣類が陸上の岩石にとりつき、岩石を変質させていった。同時に、地衣類自身が死ぬと、その遺体が有機物となって次世代の栄養分になるだけでなく、変質した岩石にも混じりあって、地球上に土のようなものができ始めた。およそ6億年前のことである。その後、この作用が繰り返されることで、ゆっくりと土がつくられていった。

こうして、およそ3億年前には、地球上に土ができていたと考えられている。それは、当時の陸上には封印木（ふういんぼく）、蘆木（ろぼく）（注3）などの巨大なシダ植物の森林ができ、両生類、昆虫類が出現したことからうかがい知ることができる。それらが現在の化石燃料を提供している。

土ができるには、地球上で生命を得た生物による、じつに長い道のりが必要だった。その道のりはそのときに完成し、終わったわけでなく現在も続いている。土は一見して不動のようにみえる。しかし、この莫大な時間の変化の延長線上で、いまもなお、土は環境と調和するように変化し続けている。

地球の「皮膚」が陸上生物の命を支える

地球は、太陽に3番目に近い惑星である。金星ほど太陽に近くもなく、火星ほど遠くもないその絶妙な位置に地球がある。生物の生命に最も重要な水は、太陽に近いと蒸発してなくなる。太陽より遠いと凍ってしまう。絶妙な位置とは、水が存在できるほどの距離が、太陽と地球の間にあったことを意味する。地球の周りの大気には酸素が含まれている。この水と酸素が生物の生存を可能にした。

地球は半径およそ6400kmのほぼ球体である【図15】。この球体の中心部分が核で、その外側がマントル、そしてマントルの外側に地殻がある。地球の表面積のうちおよそ70%は海洋で覆われ、陸地は30%程度にすぎない。陸地の地表からおよそ30～40kmの厚さで覆われる部分、それが大陸地殻である。土は大陸地殻の表面のほんの数cmからせいぜい数m、全地球を平均すると18cmの厚みしかないという[1]。この厚みは、地球の半径の1000万分の1にすぎない。人の皮膚は平均すると2mm、身長2mの人の1000分の1である[2]。つまり土は、地球規模でみると人の皮膚よりもさらに薄い、かすかな皮膚にすぎない。半径6400kmの球体を図15のように縮小して表現すると、18cmの厚みは、図に示した円の外周線の太さでも厚すぎて、図示すらできないほどの薄さである。これが地球での土の位置である。

地球のかすかな皮膚である土に植物が育ち、それをエサとして微生物や動物が暮らし、私たち人類の食料の多くもこの土から生産されている。食料だけでなく、生活に必要な物資のほとんども土から産出されたものである。地球全体から見ればかすかな存在にすぎない土が、地球上の陸上生物の命を支えている。

環境が土をつくる

19世紀まで、土は岩石が風化した地殻の表層にあるやわらかい物体、というくらいにしか考えられていなかった。この考え方から、土は環境によってつくられるという見方に転換させたのが、ロシアの若き地質学者で、後に土壌学の祖といわれるドクチャーエフ（1846〜1903）である。彼は、土の原料である岩石やその場所の気候、動植物、地形などさまざまな要因の相互作用によって土ができあがり、できた土は時間とともに変化していくものであると考えた。そして、土も動物や植物と同じように自然を構成するものの一つであり、環境によってつくられると主張した。この環境によって土がつくられるとは、具体的にどのようなことなのだろうか。

土は岩石を原料にしてつくられる（注4）。原料の岩石を母岩という。この母岩から土ができる過程には、岩石が細かく砕かれる過程（風化）と、その砕かれた岩石に生物が

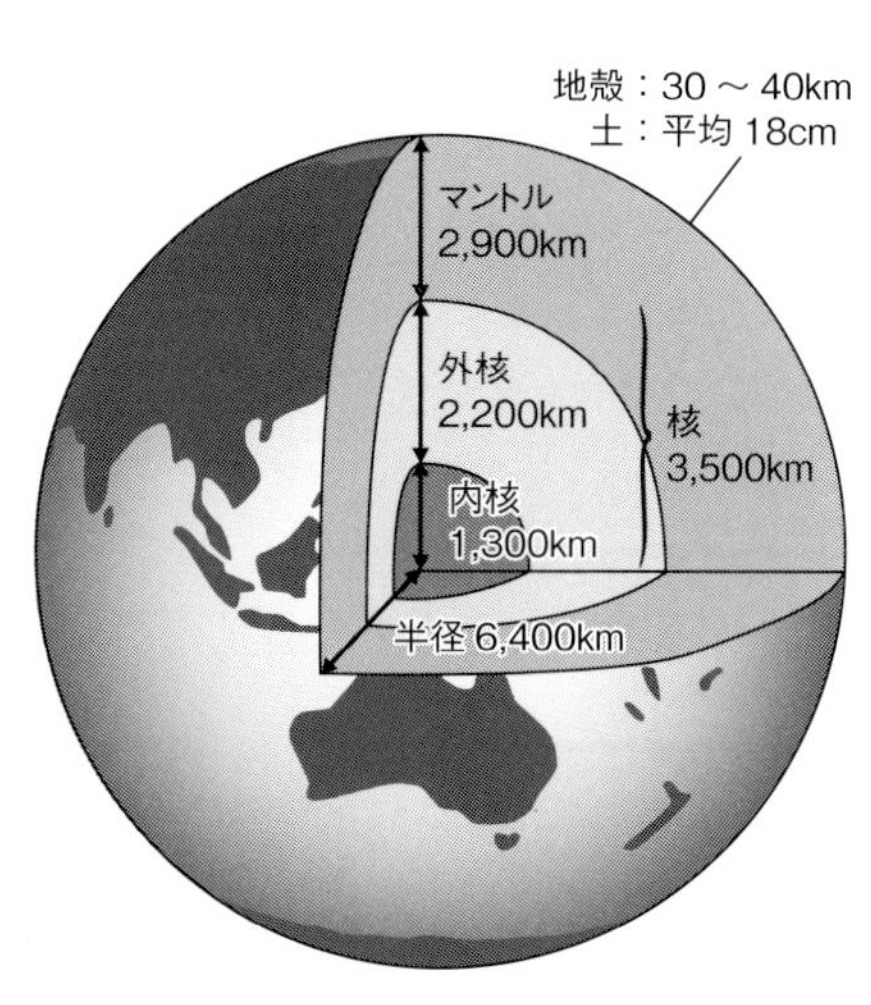

図15　地球の構造と土の位置

土の厚みは全地球を平均すると 18cm。地球規模でみると人の皮膚よりもさらに薄い、かすかな皮膚でしかない

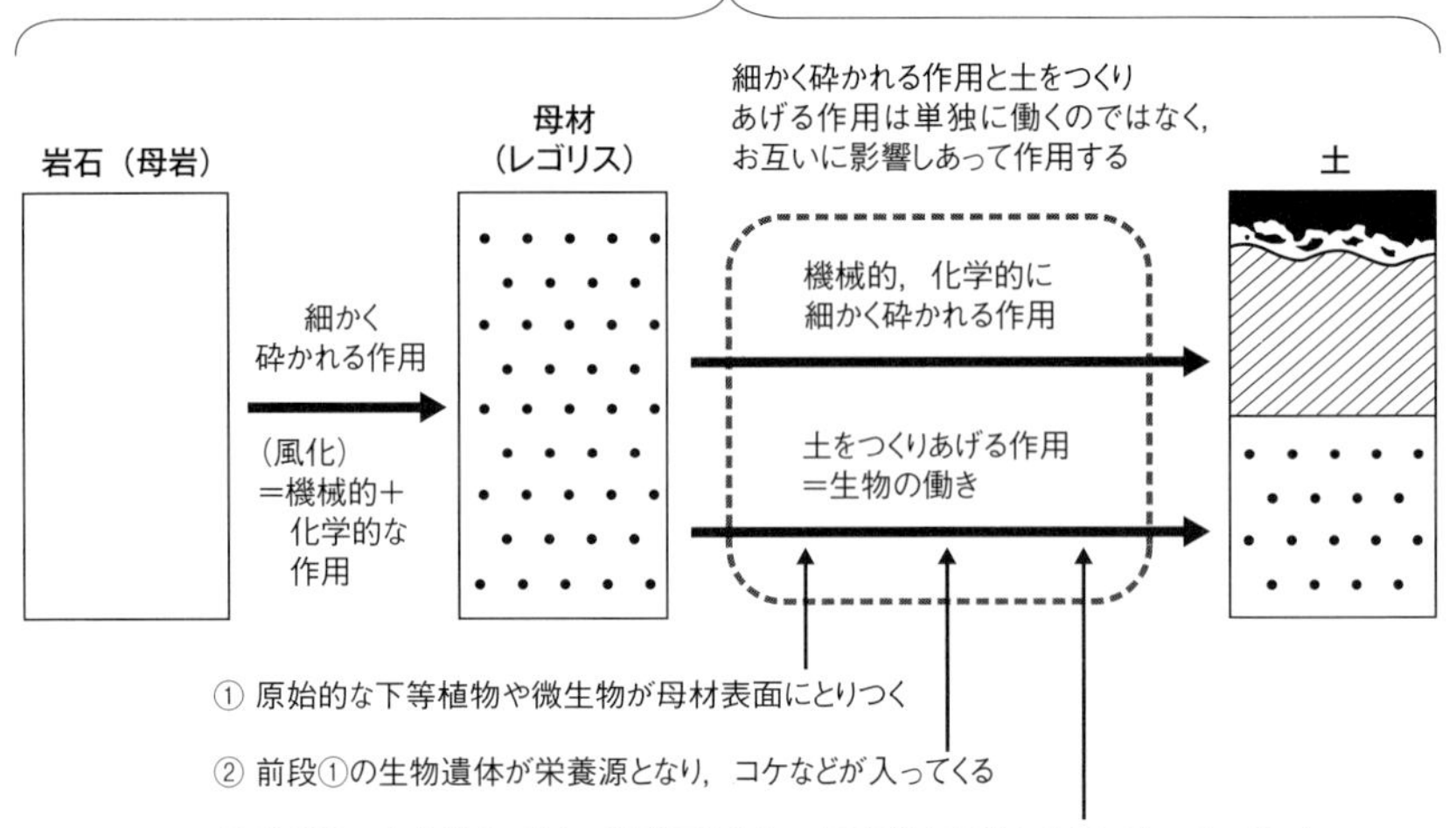

図16　土がつくられていく過程　（大羽ら（1988），一部加筆）

働きかけて土をつくりあげていく過程の二つが必要である【図16】。

土ができるためにまず必要なことは、風化によって母岩が細かく砕かれた物質（これを土の母材という）の表面に、原始的な下等植物や、これとともに微生物たちがとりつくことである。そしてそれらがそこでの生活をまっとうして死ぬと、その遺体は別の微生物によって分解される。それが植物の養分になる。この養分が蓄積すると、そこへより高等な植物であるコケ類やイネ科の草などが侵入し、植物が生活できる環境が備わる。コケや草が入ってくると、これらの遺体が微生物に分解されて養分がさらに増える。そうすると、土の動物（ミミズなど）が棲めるようになる。土の動物たちは、植物遺体の分解産物として母材に蓄積していた有機物をエサにして生き、死んでいく。その結果、母材の表面は養分がさらに豊かになっていく。そうすると、より高等な植物が生活できるようになる。そしてその高等植物が枯れて遺体になるということが繰り返されると、徐々に母材の表面に、有機物と母材とが混じりあった黒い色を帯びた土の表層ができあがっていく。このように土をつくりあげていく過程は、生物が母材に働きかけた結果である。いくら岩石が風化されて細かく砕かれたとしても、そこに生物が宿り、その働きかけがなければ土はできない。

すなわち、土ができるには生物の働きかけが重要である。生物の種類や働きの活発さは、気候条件で大きくちがう。寒い地方では活動が鈍い。熱い地方では活動が活発である。排水の良いところでは、有機物の微生物による分解が順調で、土に残る有機物の量は少ない。ところが、排水の悪いところでは、微生物による有機物の分解が遅れるため、土に残る有機物量が多くなる。このように、それぞれの環境によって生物の活動や反応が大きくちがうため、土をつくりあげていく過程も大きく影響される。そしてそのちがいが、原料の母岩が同じであっても、日本でできる土と、赤道直下のアフリカでできる土との間に大きなちがいをもたらす。ドクチャーエフはそのことに気づき、「環境が土をつくる」と表現した。もちろん、これで土をつくりあげる過程が終了し、不動の状態となるのではない。土は置かれた環境で最も安定した状態になるように変化し続けている。この変化はあまりにも長い時間をかけた動きなので、私たちの目には土が不動のものと見えてしまうのだろう。

月には生命が宿っていない。地球にある水がなく、大気もほとんどないからである。しかもそのことは、月の表面温度に大きなちがいをもたらす。太陽に直射される部分では最高130℃にまで達し、逆に日陰の部分では、最低で零下170℃にまで下がる。このような温度格差が厳しい条件では、生命が宿れない。つまり、月では土をつくりあげる生物の作用がないので、岩石があっても土はできない。はじめに述べたように、地球は太陽と絶妙な距離にあるために、大気や水が存在でき、生物が誕生し、その生物の働きのおかげで土ができる。だから地球は素晴らしいのだ。

2　人が土を管理し、農地を守る

農業の開始──人類の環境破壊の始まり

こうしてできあがった土を利用して自分たちの食べものをつくり始めたのは、およそ4万年前、旧石器時代のクロマニョン人である[3]。彼らは、それまで、狩猟採集によって食べものを得ていたネアンデルタール人とは異なり、行き当たりばったりで動物を捕まえるのではなく、動物の習性からどこで待ち伏せすればよいかを心得ていた。そして仲間どうしで役割を分担し、動物の群れを追跡し、囲い込んで捕まえるというように、狩猟方法を変化させた。また、変化に富む新しい道具もつくった。同時に、彼らにとって食べものとなる植物を保護し、育てるということもおこなった。それは、農業の始まりの前段階ともいえる出来事である[3]。そして1万年ほど前、今でいう農業を取り入れた生活が始まったと考えられている[4]。

この農業の始まりは、人が自然に働きかけて土地を切り拓き、そこに食べものを栽培するという積極的な行為であった。それによって人の暮らしも変化した。もちろん、当時は自然環境のほうが圧倒的な力で人類を支配していただろう。しかし、人類が自然に挑戦した最初の出来事でもあった。与えられている自然環境に人の手を加えるという意味では、環境破壊の始まりともいえる。人間活動が自然環境の力より弱い段階では大きな問題とならなかった。

ところが、現在のように人間活動が自然環境を改変するほど大きく活発になると、それによって改変された自然環境はもとに戻れない。それを防ぐために、持続可能な農業が必要である。自然環境へ過度に働きかけることなく農地を適切に管理するのは、まさに人の役割である。

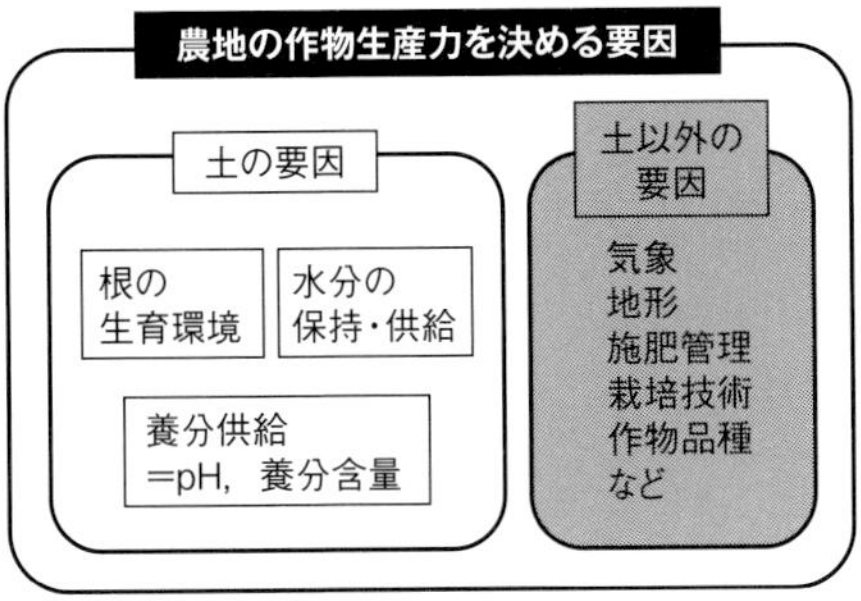

農地の作物生産力を決める要因

土の要因

根の生育環境

水分の保持・供給

養分供給＝pH，養分含量

土以外の要因

気象
地形
施肥管理
栽培技術
作物品種
など

図17　農地の作物生産力を決める要因を構成する，土と土以外の要因

農地の作物生産力と土の肥沃度（ひよくど）

人の食べものを生産する場所が農地である。農地は生産される作物によって、田んぼ、畑、果樹園などと呼ばれる。土は農地を構成する要素の一つである。農地の土は、人が農業を始めて以来、作物の根を受け入れて作物を支持し、作物の水や養分の要求にこたえ、作物の生産を支えてきた。しかし、農地の作物生産を支えているのは土だけではない。どんなに素晴らしい土であっても、夏に気温が上がらない冷害になると、農地の作物生産量は激減する。

農地が高い作物生産力を持つには、土が作物生育に良好な状態でなければならない。しかし、作物にとって良好な土を持つ農地が、常に作物生産力が高いとはいえない。土以外の作物生産に関わる要因、たとえば、気象、地形、農地を管理する人の技術や、栽培する作物品種が適正であるかどうかなど、いろいろな要因も作物生産に関わるからである。つまり、農地の作物生産に関わる要因は、土の要因と土以外の要因からなる【図17】。土だけが農地の作物生産力を決めているのではない。

作物生産を支える土の能力は、「肥沃度」という言葉で表現される。土の肥沃度とは「作物の根を支える条件を備え、その根を通して作物の生育にともなって必要となる量の水分と養分を、作物に供給する土の能力」である[5]。人は農業を始めたときから、農地の作物生産を高く維持するために、意識するかどうかに関わらず、土の肥沃度を高める努力をしてきた。とりわけ養分の供給が土の肥沃度を維持するために、とくに重要であることに気づいていた。作物を栽培し、収穫して農地から持ち出すと、それにともなって作物が農地の土から吸収した養分は、農地の外に持ち出される、すなわち、農地から養分が収奪され、その収奪された養分をなんらかの方法で土に戻さないかぎり、土の肥沃度が低下することを経験していたからである。

現代なら化学肥料という手軽な養分源を入手することも可能だ。しかし、そのような方法で養分を農地に戻すことが可能となったのは、人類が食べものを生産してきた1万年の歴史を1日に見なすと、わずか25分前のほんのわずかな瞬間的出来事にすぎない。化学肥料という便利な養分源を手に入れるまでの圧倒的に長い時間、人は土の中にしか存在しない作物の養分を、農地の外から農地に持ち込むために、森の腐葉土、河川や湖沼の泥土、落葉、山林の下草、野草、草木灰、人や家畜のふん尿、さらに海藻など、ありとあらゆる身近なものを、養分移転資材として利用した。昔話の「桃太郎」に出てくるお爺さんは、山へ柴刈りにでかける。これは、燃料の入手を目的とするだけでなく、燃やした後の灰を貴重な養分源として利用する目的もあったと考えることもできる。

農地を守り、土の肥沃度を維持していくこと、それは、人の食べものを農地で持続的に生産していくうえで欠かせない。その大きな役割を果たすのは、実際に農地で作物を栽培する農家の人たちである。

3　土の肥沃度はどう維持されてきたのか――田んぼと畑の比較

農地の土の肥沃度を維持することは、農地の作物生産力を高く維持するために重要である。しかし、農地といってもさまざまで、それぞれの農地で土の肥沃度を維持する方法は大きくちがう。ここでは、代表的な農地である田んぼと畑について、その土の肥沃度がどう維持されてきたのか、まずは田んぼの場合から見てみよう。

湛水（たんすい）して連作できるイネつくり―畑との決定的なちがい

田んぼでイネを栽培することと、畑で畑作物をつくることの決定的なちがいは、農地が水で覆われる（これを湛水という）かどうかということと、同じ農地で同じ作物をつくり続けること（これを連作という）ができるかどうかにある。すなわち、湛水された田んぼでは、好天が続いてもイネに水の心配をすることなく、連作が可能であるのに対し、畑作物は好天が続くと干ばつ害の心配があり、多くの畑作物は連作することができない。

畑で連作によって作物に発生する障害を連作障害という。連作障害は、主に土に棲み着く病原菌（土壌病原菌）によって引き起こされる。この病原菌の多くは酸素を必要とする（好気性菌）。しかし、田んぼは湛水されて空気が遮断されているので、土の中は酸素不足（還元状態）になっている。このため、酸素を必要とする病原菌は死滅したり、増殖が抑制されたりする（静菌作用という）。作物の根に障害を与えるセンチュウも湛水されると少なくなる。イネが連作可能なのは、このような連作障害をもたらす土壌病原菌などが、湛水条件で生息しにくいことが関係している。

さらに重要なことは、田んぼは湛水し続けるだけでなく、イネの収穫が終わると田んぼから水を排水して（落水という）畑状態に戻す。つまり、田んぼの土は湛水による還元状態と落水後の酸化状態（空気が加わって、酸素が豊富な状態）という、まったくちがう環境を経験する。こうした激しい環境変化を受けることも、土壌病原菌が安定して生息できない条件である。

イネの連作を続ける田んぼの土の肥沃度は、大きく低下することがあまりない。湛水することが、以下に述べるように、土に多くの利点をもたらすからである。

湛水状態がつくり出す土の肥沃度にかかわる四つの効果

①水としての効果…田んぼはかんがい用水を導入し、水を満々とたたえた湛水の状態にある。つまり、イネの根の周りにはいつも水がある。畑作物なら湿害ですぐに死んでしまうのに、イネは元気に生育できる。それは、イネが地上部から根へ酸素を送り込む通気組織を持っており、根に必要な酸素はこの通気組織から送り込まれるからである（注5）。

また、水には、温まりにくいけれども、温まると冷めにくいという性質がある。この性質を利用し、田んぼの水（田面水（でんめんすい））の深さを調節することで、田んぼの地温をある程度調節したり、イネの保温に利用したりすることができる。

②養分供給に関する効果…用水路から田んぼに供給されるかんがい水は、上流から流れてくる途中で、さまざまな養分を溶かし込んでいる。このため、田んぼに肥料をまったく与えなくても、窒素、リン、カリウムの肥料三要素を与えた田んぼの80％程度の生産量がある[6]。肥料としてリンを与えない、あるいはカリウムを与えないという場合であっても、肥料三要素を与えたところの生産量とほぼ等しいくらいである。リンを与えなくてもそれなりの生産ができるのは、田んぼが湛水されることで、土から酸素が奪われて酸素不足になる（還元化するという）のが原因である。すなわち、もともと土の中に多く含まれているリン酸鉄は、畑のように酸素のある酸化的条件では水に溶けにくい。しかし、田んぼのように土の中が還元化すると、リン酸鉄が水に溶けやすい形態に変化し、水に溶け出すことでリンが吸収されやすくなる。カリウムが与えられなくても、かなりの生産量を確保できるのは、かんがい用水に溶けているカリウムがイネに供給されるからである。

この他、田面水で生育するアカウキクサ属の水生シダに共生するラン藻類は、大気中の窒素を取り込み利用する（生物的窒素固定）能力があり、その窒素をイネにも供給している。ラン藻類が固定する窒素のうち60%くらいは、ラン藻体外にアンモニアとして放出されるという[7]。

③有機物を蓄積させる効果…田んぼでは、イネの収穫後に残された刈株や根、田んぼに与えられた堆肥などの有機物は、土の微生物による分解がゆっくりで、分解されない有機物は土に蓄積する。これは、有機物の分解に関わる微生物が、酸素を必要とするにも関わらず、田んぼでは土の水分が多いため、十分に酸素が供給されず、微生物の分解活動が鈍くなるのが原因である。この田んぼの土に蓄積された有機物は、その後の田んぼの土の水分や温度が、有機物を分解する微生物の活動に適した条件になると、分解されて養分としてイネに供給される。

④土を酸性化させない効果…田んぼの土が湛水され還元化が進むと、土のpHは湛水前の値に関わらず、自然に6・7～7・0付近に落ち着くように変化する。したがって、田んぼでは酸性障害が発生することはまずない。これは、土の中の還元化によって鉄が形態変化するときに、酸性の原因物質である水素イオンを消費することと、有機物の分解によって発生する二酸化炭素（炭酸ガス）が水に溶けて弱酸性の炭酸に変化して水素イオンを生み出すこと、この両者がつりあうことでできる現象である。

わが国の畑の土は一般に酸性化し、場合によっては作物に酸性障害が発生することがある。これに対して、田んぼはその心配をしなくてよい。畑の土から見ればうらやましいことが、田んぼの土の中では自然にできている。

以上、田んぼを湛水することで発現する四つの効果は、その効果をうまく利用する農家の勤勉な労働と努力を通じて、田んぼの土の肥沃度の維持に大きく貢献している。

湛水がつくり出す国土保全――土壌侵食の防止

傾斜がきついわが国の地形では、降雨で地表に落ちた水は急斜面を流れ、その途中で土を削り取っ

図18　急斜面を下る水を一時的に止めるダムの効果を持つ棚田とそれを管理する人（スリランカ，ワラパネ近郊）
棚田の維持管理には大型機械を使用できない。人力による管理が欠かせない

てしまう（これを土壌侵食という）。しかし田んぼに水が引き込まれると、水は急斜面を流れない。「田ごとの月」といわれる棚田は、急斜面を流れる水の一時的なダムとしての効果を持ち、土の保全に大きな役割を果たしている。それだけでなく地下水の供給源にもなっている。わが国のような急傾斜の多い国土で土がよく保全されているのは、田んぼの貯水機能によるところが大きい。

この効果は田んぼが持つ多面的機能として、しばしば指摘される。しかし、この国土保全効果は、棚田を管理する人がいるという前提条件がある。棚田の維持管理に大型機械を使用することはできない。このため、人手がなければ棚田を十分に維持管理することは不可能である【図18】。

畑の土の肥沃度を維持するために考え出された輪作の歴史

田んぼには素晴らしい自然のしくみがそなわっており、そのしくみで土の肥沃度はある程度維持されてきた。安定して連作できるという田んぼでのイネつくり、それ自体がきわめて持続的な農業であることを物語っている。

一方、畑作中心の欧米の人たちには、この田んぼの素晴らしさを理解できないかもしれない。畑でイネつくりのように同じ作物を連作すると、たいていの作物は病気になり、連作障害の被害を受ける。それを避けるために考え出されたのが輪作という農法だ。畑に、今年はジャガイモ、次の年はムギ、その次の年はマメと、いくつかの作物を周期的に栽培する方法である。その輪作をおこないながら、土の肥沃度を維持するために、養分をどのような形態で補給すればよいのか、それを見つけ出すまで、ヨーロッパでは長い年月をかけた試行錯誤が続いた。畑では、田んぼのように自然からの養分供給が期待できないからだ。

輪作の初期は単純に農地を二分し、一方は作物栽培に用い、他方は作物栽培を休む（休閑という）ことで、土の中の養分が回復するのを自然にまかせた。休閑中も時々耕起して雑草の防除もおこなった。この農法を二圃式という。休閑は最も消極的な土の養分回復対策であった。しかし、作物栽培によって畑の土から持ち出された養分が、休閑で完全復活することはなかった。そのうえ作物生産も安定しない。そこで、考え出されたのが三圃式の輪作だった。

三圃式輪作

畑地を三つに区分し、その一つには秋播きコムギやライムギなどの越冬作物（冬穀）を作付けする。もう一つには夏作物のオオムギやエンバク、場合によってはソラマメ、エンドウなどのマメ類（夏穀）を栽培する。残りの一つは休閑し、それを順に繰り返すというやりかたである【図19】。種まきの季節が秋と春の2回に分散しているため、農作業の均平化と気象条件による悪影響の危険分散が可能になった。

さらにもう一つ大きな特徴は、農地の周りにある共同放牧地（地域の誰もが利用できる放牧地）を利用して、家畜（主にヒツジやヤギ）が飼養されたことである。農地の外にある共有地や共同利用の

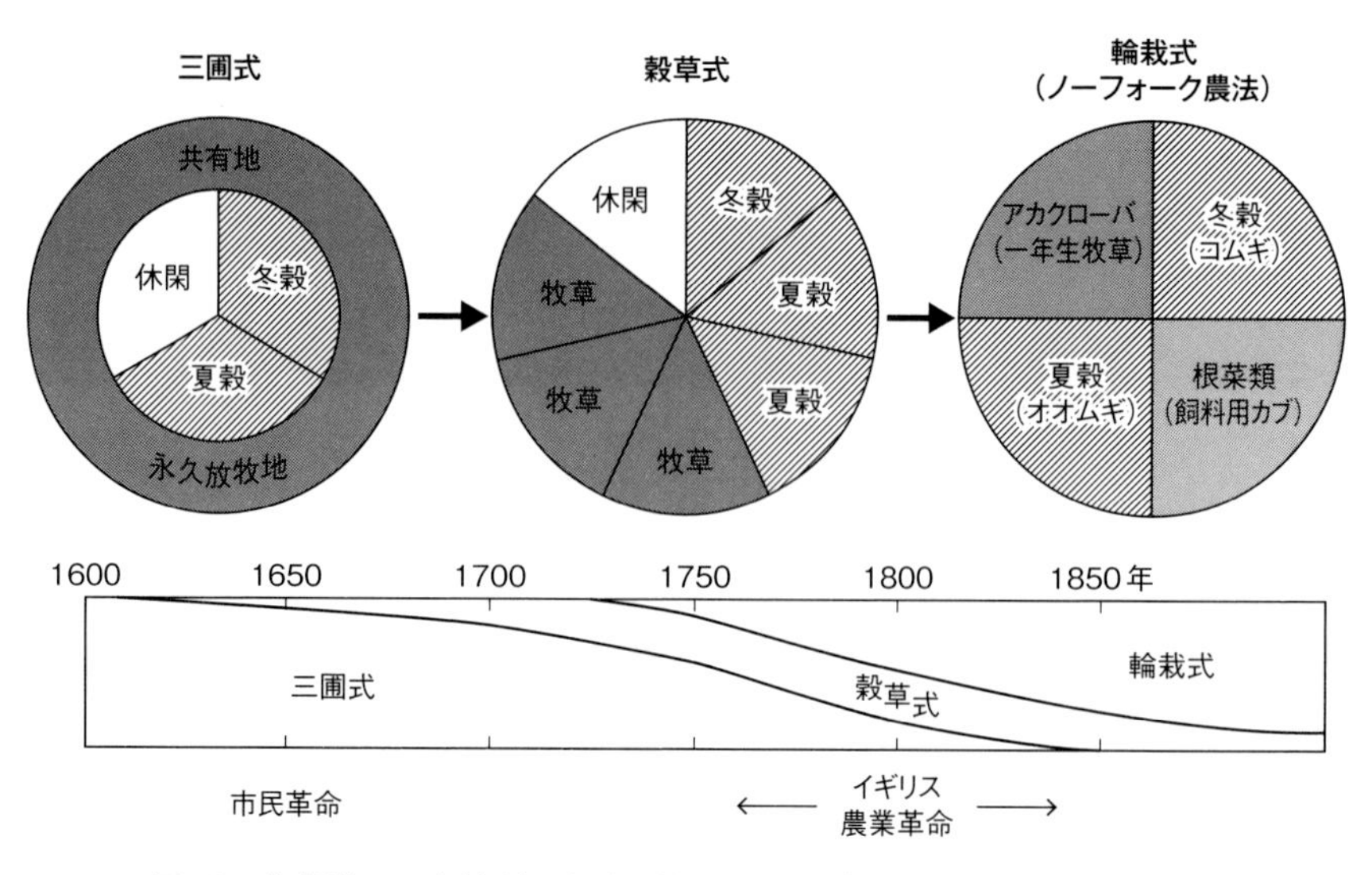

図19　各農法での土地利用方法の模式図とイギリスでの農法移行の時期

（加用（1972）の2つの原図を1つにまとめた）

耕地での作付けの順序は，時計回りで毎年移行する。冬穀（秋播き穀物）はコムギ、ライムギ。夏穀（春播き穀物）はオオムギ、エンバクのほか、ソラマメ、エンドウなどを含む。穀草式での牧草は，主に多年草のイネ科牧草，一部シロクローバなどのマメ科牧草を含む

永久放牧地で放牧される家畜は、夜になると畜舎に戻る。戻った畜舎で排泄されたふん尿には、共同放牧地の草が土から吸収した養分を含んでいる。そのふん尿を畜舎の敷ワラと混合堆積して堆肥をつくった。そしてその堆肥を休閑地（次の年に主食である穀物が栽培される予定地）に与えた。これによって共同放牧地の土にあった作物の養分が、家畜ふん尿にかわり、それが堆肥となって農地に移転され、養分補給を可能にした。養分の移転資材に、家畜のふん尿を積極的に利用した結果である。

ただし、晩秋の共同放牧地では牧草生産量が減るため、放牧家畜を十分に飼養できない。そこで越冬前に、家畜の多くは食用などに利用されて飼養頭数が制限された。したがって、家畜ふん尿を原料とする堆肥の生産量はわずかであった。わずかな堆肥では、畑の土の養分補給が不十分であった。結果的に、この農法で生産される穀物では、人口の増加にともなう穀物の需要に対応しきれなくなった。そこであみ出されたのが穀草式という輪作であった。

穀草式輪作

この農法では、三圃式農法での飼料不足を解消するために、共同放牧地の一部を囲い込んで（囲い込み＝エンクロージャー）自己所有の牧草地に転換した。それによって、家畜の飼料確保に努めた【図19】。その結果、家畜の飼養頭数が増え、堆肥の生産量も増えた。牧草地には放牧中の家畜からのふん尿も直接還元された。増えた堆肥は牧草地以外の畑の土に与えられた。こうして、牧草地から畑への養分移転が進み、土の養分不足の状況はゆるやかになり、畑の穀物生産力が改善された。しかしこの農法は、広く普及する前に次のノーフォーク農法（輪栽式農法）に切り替わっていった。

ノーフォーク農法（輪栽式農法）

18世紀の半ばころ、イギリス南東部ノーフォーク地方を中心に、当時としては最も集約的な4年輪作農法が確立された。これがノーフォーク農法、あるいは輪栽式農法といわれる輪作である。

この農法の特徴は、共同放牧地と休閑をすべて廃止して農地化し、そこへ家畜のエサである飼料作物の根菜類（飼料用カブ）とマメ科牧草のアカクローバを導入して【図19】、飼料生産量を増やしたことである。これによって飼料不足が解消され、家畜を多く飼うことと、冬季になっても家畜舎で家畜を飼い続けることが可能になり、家畜ふん尿の回収率が大幅に上がった。それが堆肥生産量の飛躍的な増加につながり、畑に与える堆肥の量も多くなった。また、アカクローバの根に共生する根粒菌は空気中の窒素を取り込み（生物的窒素固定）、アカクローバが利用できる養分の形態に変えて、宿主のアカクローバに提供する。その根粒菌に由来する窒素は、秋にアカクローバが土にすき込まれることで土に戻り、翌年種まきされるオオムギのための養分となった。さらに、根が浅いところに広がるムギ類と深くまで伸びる根菜やアカクローバの栽培は、土の広い範囲から養分を吸収できるように

図20　コーク・オブ・ノーフォーク伯爵の記念碑

コークはノーフォーク農法への飼料用カブの導入に大きく貢献したことから，「カブ伯爵」と呼ばれた。没した1842年には，彼の偉業を記念して邸宅（ホーカムホール）に記念碑が建立された。記念碑の頂上にはカブ（a），台座には条播機（b）が配置されている

なった。根菜類は土にすき間（孔隙）をつくり、土が硬くなるのを防ぐ効果もあった。その結果、全体として畑の土の養分環境を良い状態で維持できるようになった。

それに加え、画期的な技術の導入が作物栽培を大きく改善させた。それは農事改良家のタル（１６７４〜１７４０）が発明した条播機の利用だった（注６）。それまで作物の種子はばら播き（散播）が一般的だった。しかし、ばら播きされた飼料用カブの栽培は困難をきわめた。雑草を取り除くこと（除草）が、やってみた者でなければわからないといわれるほどの大変な作業だったからである。そのカブの種まきに、条播機を導入したのがコーク（１７５４〜１８４２）だった【図20】。飼料用カブの種子がすじ状に播かれることで、これまでの困難な除草作業が克服され、カブの安定栽培が可能となった。これで、コムギ（冬穀）―飼料用カブ―オオムギ（夏穀）―アカクローバの４年輪作が確立された。

この農法では堆肥を通して養分循環が成立し、畑の土の肥沃度が維持されるだけでなく、輪作する作物の栽培も安定したことで作物生産量が飛躍的に増加した。たとえば、コムギの生産量はこの農法が導入され始めた１７５０年代

には1ha当たり1t程度であったが、この農法が広く普及した1850年代には1・7t程度にまで増えた[8)]。この増産によって、ノーフォーク地方だけで、全イングランドの穀物生産量の90%をまかなうほどの生産量をあげるようになった[9)]。当時、この農法がいかに画期的であったかがうかがえる。

ノーフォーク農法の課題

ただし、この画期的な農法は、土地利用という面で大きな課題があった。それは、農地の半分を家畜のエサ、すなわち飼料づくりに使わねばならないという宿命だった。この時代、人の食料となる穀物をつくる畑の土の肥沃度を維持するには、養分補給源として堆肥を確保しなければならなかった。その堆肥の原料となるふん尿を入手するには家畜を飼わねばならない。家畜を飼うためには飼料作物づくりが欠かせず、その飼料畑は人の食料生産の畑と同程度の土地面積を必要としたのだ。このノーフォーク農法の課題は、堆肥のような有機質肥料を養分として利用する有機農業にとっても大きな課題となる。このことについては、改めて5章で考える。

ヨーロッパの輪作の歴史が教えること

畑では、作物を栽培することそれ自体が、畑の土の中にある養分を消耗させて、土の肥沃度を下げるという弱点がある。畑に養分の補給が十分におこなわれないかぎり、作物が土の中から吸収した養分は、作物の収穫とともに畑の外に持ち出されてしまうからである。そのことを経験的に知ったヨーロッパの農家が最終的にたどり着いたのが、4年輪作のノーフォーク農法だった。この農法は、作物に必要な養分の補給を、土–飼料作物–家畜（堆肥）–土という経路で循環させることで解決した。その循環型農業によって、作物生産が持続的にできることを教えている。

田んぼでは湛水することで養分の自然供給を促し、土の肥沃度がある程度維持される。一方、畑では養分の自然供給は大きく期待されず、農地内で養分を循環させることによって土の肥沃度を維持しようとする。両者には土の肥沃度の維持方式に大きなちがいがある。

4 土は誰のものでもない社会の共有財産である

地球環境を守る土の役割

田んぼでも畑でも、世の東西を問わず、農家はその土の肥沃度を維持する努力をおしまなかった。こうして人が積極的に土の肥沃度を維持することで、食料生産の場としての土の役割が守られてきた。しかし、土が果たす役割は食料を生産するということだけではない。地球環境も守ってきたのだ。

土は天から降ってくる雨水を蓄え、地上のすべての生物の生命維持にかかせない水を保持し、供給する機能がある。さらに、土の中の生き物たちに生活の場を提供し、彼らの働きによって有機物や化学物質を分解し浄化する役割を持つ。また、そうした分解過程で発生するガスを大気に放出する。その一方で、土の生き物たちの働きをとおして、大気中のさまざまなガスを土が吸収し、大気と土との間でガス交換をおこなっている。それによって大気中のガスの種類や濃度が維持されている。こうした土や土の中で生活する生き物たちの働きによって、地球環境が維持されてきた。それは、18世紀半ばから19世紀にかけて起こった産業革命の前まで続いた。

人間の生産活動の中心を農業から工業へ転換させた産業革命

ところが、イギリスで起こった産業革命はそれまでの人の暮らしを一変させた。化石燃料である石炭を使ったエネルギー転換で機械化することを知った当時の人たちは、それを利用して経済活動を大きく発展させた。それまで、農業は人間の生産活動の中心であった。しかし、産業革命はそれを工業に転換させてしまった。

産業革命のまさにその時代、当時としては最も集約的なノーフォーク農法が確立された。そのことで農業の生産性が飛躍的に増加した。それが農村人口を増やす要因となった。皮肉なことに、農村で増えた人は、産業革命で必要となった工場労働者として都市へ送り込まれた。これが都市人口を急激に増やした。産業革命前のイギリス、1801年の総人口は832万人。そのうち都市人口は366万人、総人口の44％だった。ところが、それから80年後、産業革命を経た1881年、この間80年で、総人口がおよそ3倍の2591万人、都市人口はおよそ5倍の1728万人で、総人口の67％にふくれあがった[10)]。

増えた人口の食料を支えるには、その生産量を増やさなければならなかった。その食料増産が農村に求められた。こうした事情が、囲い込み（エンクロージャー）をさらに進行させた。同時に、地主から広大な土地を借りた資本家が農民を賃金労働者として雇い、生産した食料を商品にし、その販売によって利益をあげることを目的とする農場経営が登場し、拡大していった。こうして産業革命をきっかけに、イギリスの農村から共同体的自給自足経営の姿が消えていった。このような18世紀後半、イギリスの産業革命とともに起こった農村社会の変革を、農業革命と呼んでいる。

この変化はその後の経済のあり方を大きく変えた。それまでの自給自足的農業経営では、食料は空腹を満たすことで人の役に立てる（これを使用価値という）ことが重要な要素であった。しかし、資本家が経営する農場では、消費者である賃金労働者へ商品としての食料を生産することが目的となる。このため、生産した食料をいくらで売って、いくら利益を得るか（これを交換価値という）ということが重要になる。つまり価値の転換が起こった。そうなると、それまでの農業が生産性を維持するために、大気、水、土といった人類共通の資源の保全にかけていた費用（コスト）は、利益を増やすという意味からみると、短期的にはむしろマイナスの費用になる。この費用に眼をつぶり、その代償を自然環境に転嫁して、資源を無料で消費する農業のほうが利益を増やせるという考え方が、次第に広まった。

産業革命の後、人間の生産活動の中心となった工業は、農業以上に大気、水、土といった人類共通の資源を保全するための費用を無視することで、利潤を追求し始めた。しかし、その代償は、さっそく転嫁された自然環境で表面化した。酸性雨（注7）の被害だった。

酸性雨という言葉が世界で初めて登場したのは、1872年、ロバート・アンガス・スミスの著書『大気と雨―化学的気象学の始まり』であった。スミスはその著書で、産業革命で大都市になったイギリス・マンチェスターとその周辺の石炭燃焼が大気を汚染し、それが酸性雨の原因であることを指摘した。その後もイギリスは、大気汚染に長期間悩まされた。とくに19世紀のロンドンは大気汚染がひどく、死者さえだした。

これが人類共通の資源を浪費する最初の代償だった。しかし、工業化とそれにともなう経済成長は、人々に便利で豊かな生活を提供した。その魅力は多くの人々を引きつけ、現在の私たちにまでつながっている。経済成長のための資源消費が、環境に悪影響を与えていく社会の始まりであった。

自然から預かった土を次世代につなぐ

こうした資源の浪費、とくに、土から作物養分を奪いとるだけで補給をせず、そのために土の肥沃度を低下させてしまう農業を強く批判したのが、まさに産業革命の時代に生きたリービヒだった。彼は以下で述べるように、農業を持続的に維持していくうえで最も重要なことは養分循環であることを強調した。

産業革命後のイギリスでは、農村と都市で分業が進んだ。主食の穀物は農村で生産し、その穀物を消費するのがロンドンなどの都市労働者という時代になっていった。農村の農地の土から吸収された作物養分は、収穫物である穀物に含まれたまま都市に運ばれる。都市労働者が食べた穀物に含まれる作物養分は労働者の排泄物に移行し、その排泄物は夜、窓辺から街路に投げ捨てられた（注8）。当時の都市は下水道がまだ整備されていないため、それらは雨に流され、たとえばロンドンでは直接テムズ川に運ばれた。このため、テムズ川は強烈な悪臭にまみれ、不衛生きわまりなかった。こうして、もともと農村の土にあった作物養分は、元の農地の土へ戻れなくなった。リービヒは、そうした土の養分を消費するだけの「略奪農業」では将来にわたって安定した食料供給ができない、すなわち持続可能性がないと強く批判した。

リービヒが理想的な養分循環としてほめたたえたのが日本の農業だった。江戸時代の17世紀以降には、当時の世界的大都市江戸の消費者のし尿が、彼らに食料を提供する周辺農村の農地に還元される経路がしっかりと確立されていたからである[11]。彼は自身の著書に「日本の農業の基本は、土から収穫物に持ち出した全植物養分を完全に償還することにある。（中略）土地の収穫物は地力の利子なのであって、この利子を引き出すべき資本に手をつけることは、けっしてない。（中略）ヨーロッパの農業は日本農業とは完全に対照的であって、肥沃性の諸条件に関しては耕地の略奪に頼りきっている」と記している[12]。

土が地球上に現れたのはおよそ3億年前。それ以降、多くの食料の生産の場を提供してきた土は、私たちが自然から預かったものである。産業革命前までは、その土を大切に守り、可能な限り養分循環を成立させて作物生産力を維持してきた。しかし、産業革命から後、人々の暮らしは豊かで便利になり、人間活動がますます大きくなっていった。自然から預かった社会共有の財産（宇沢[13]によれば社会的共通資本という）であるはずの土から、資源を勝手気ままに利用して使い捨てるという利己的な経済活動が大きな流れとなってしまった。それによって、作物生産の場としての土の役割を守り維持することが難しくなった。社会共有のかけがえのない財産である土を守り、次世代につないでいかなければ、この地球で人が生き延びていけないのはいうまでもない。

注1　光合成をおこなう藻類の一種。かつては植物分類の一つであった。しかし、現在は細菌として扱われている。シアノバクテリアは、海水中の無機物（ミネラル）と炭酸カルシウムとを反応させて層状に堆積するストロマトライトと呼ばれる岩石状物質をつくりだした。その表面に自身も生き残り、光合成をおこなって酸素の放出を続けた。

注2　地衣類は、菌類（主に子嚢（しのう）菌類）の菌糸でつくられた構造の内部に、藻類（ラン藻＝シアノバクテリア、緑藻など。ただし、ラン藻は細菌の仲間である）が共生する生物である。藻類がつくる光合成産物を利用して菌類が生活していることから、最近は菌類として分類されている。

注3　封印木、蘆木とも代表的な絶滅シダ植物の一つの属である。約3億年前の古生代後期石炭紀から二畳紀にかけて生育、繁栄した。

注4　日本では火山灰が原料となってできる土がある。それを黒ボク土という。しかし、黒ボク土は世界的に見ると例外的な土である。火山のない国では火山灰といっても、それをイメージしてもらうことさえ難しい。

注5　イネの地上部から根への酸素の輸送効率は、オオムギの約10倍、トウモロコシの4倍にもなる[14]。このような通気組織は、沼や湿地で生育できる植物が共通に持つ性質である。

注6　タルと彼が発明した条播機については、2章2節で詳しく述べた。

注7　大気中に汚染ガスが含まれていなければ、雨は空気中の二酸化炭素（CO_2）を溶かして降ってくるため、pHは5・6程度になる。ところが実際の雨は、大気に含まれるさまざまな汚染物質を含むため、そのpHは5・6より低い。このpH5・6より低い降雨を酸性雨という。

注8　とくに人口の集中した都市でこのようなことがおこなわれた。この不衛生な状態は、産業革命でつくりだされた都市

貧困層に襲いかかり、コレラなどの疫病のまん延をもたらした。しかし、日本のし尿のように商品化され、農地にナイトソイルという名称で肥料として用いられ、都市近郊農業の生産力維持に寄与した例もある。[15)]

コラム

農作物に込められた労力と手間—コメを例に

農産物に対して、有機だ、慣行だと栽培方法のちがいが強調されることがある。しかし、その栽培方法のちがいを論じる私たち消費者自身は、対象となる農産物の生産過程をきちんと知ったうえで話しているのだろうか。今回、本書のために、改めて農家にお話を伺ったところ、有機栽培であれ慣行栽培であれ、作物の生産に込められた生産者の労力と手間の大きさに気づかされた。少し長くなるが、主食作物でもあるイネの慣行栽培について、北海道南幌町の白倉崇史さんの事例を紹介してみたい。

コメは、イネからできる玄米を精米して生産される。そのイネは、春に苗を田植えすれば秋には収穫できると、なんとなく自動的にそう思いがちだ。しかし実際には、以下で述べるように、私たちの主食のコメがこんなにも数多くの手間ひまかけてつくられていることに驚く。

田植えに使う苗づくりの種まきまで

白倉さんの農場は、田んぼ（水田）22haを中心に、畑作物として転作コムギ18ha、同ダイズ4haを作付けしている。イネの栽培は、農場のハウスで苗を育てること（育苗）から始まる。育った苗を田んぼに移植、つまり田植えし、その後は収穫の秋9月まで栽培管理が続く。収穫後もさまざまな作業が10月末まで続く。

北海道でのイネの田植え前の作業は3月中旬、田んぼへ融雪剤を散布することから始まる【●図1】。雪を早く溶かしてその後の作業をしや

札幌市
北海道
南幌町

すくするのが目的だ。その後、3月下旬から4月上旬にかけて育苗用ハウスを設置する。ハウスの中の地面（置床（おきどこ））をトラクタで耕し、ローラ鎮圧機で平らに押し固める。苗に水を与える（かん水）ための装置もとりつける。これでやっと育苗の場所の設置が完了する。

栽培するイネの品種は、田んぼの土の性質によって変える。田んぼの土が、そこで生育するイネの子実（玄米）タンパク質含量を高めやすいかどうかで判断し、それぞれにふさわしい品種を選択する。コメを食べたときの味（食味）は、コメのタンパク質含量に大きく影響されるからである。イネの種子（種籾（たねもみ））は、種籾を専門に生産する農家（採種農家）が生産したものを購入する（注1）。

苗づくりの種まき（播種（はしゅ））の前、4月上旬から中旬にかけて種子の消毒と、種子からの発芽を揃えるために5〜6日間、水に浸す処理（催芽（さいが））をおこなう。消毒は、伝染性の病害（いもち病、ばか苗病、苗立枯細菌病など）を防ぐのが目的である。これらの処理後、種子を床に広げて乾燥させる。数日間かけて種子を手作業でひっくり返し、種まきに適した水分状態に戻す。かなり大変な作業である。これでやっと種まき用の種子の準備ができたことになる。

●図1
融雪剤の散布（3月中旬）

育苗箱への種まき

4月中旬になると、いよいよ種まきである。育苗箱（プラスチック製で280㎜×580㎜×28㎜のトレイ）に、3月下旬から準備しておいた土（培土（ばいど））を詰める。その後、催芽した種子を播き、その上に軽く土で覆って育苗箱が1枚できる。この一連の作業を半自動の機械（播種機）でおこなう【●図2】。種まきが終わった育苗箱から順に、先に設置しておいた育苗ハウスへ運び、丁寧に並べていく。この育苗箱は1ha当たり330枚必要である。白倉農場では22haの田んぼでイネを栽培するので、予備も含めて例年7500枚もの膨大な種まきをしている。それを並べる育苗ハウスは、間口8m、全長90mのハウス2棟と全長45mのハウスが1棟にもなる【●図3】。

その年のイネのでき方を決める苗づくり―理想の苗を目指して

苗づくりは気苦労が大きい。苗づくりは「苗半作」という言葉で表現されるほど重要な作業である。これは、苗の良し悪しがその年の生産量の半分を決めるという意味だ。4月中旬から始まり田植えの終わる5月中旬までのほぼ1カ月間、白倉さんが注意深く理想の苗づくりに励むのはこのためである。目指す理想の苗は、あまり伸びすぎず、ずんぐりとした太い苗である。この苗づくりにかける労働時間は、年間の総労働時間の3分の1くらいにもなる。

苗の生育に対応し、ハウス内の温度や育苗箱の水の管理を変化させる。初期の幼い苗の時期は保温し、土は水分を控えめにして苗の根の発生を促す。苗が少し育った中期は、ハウスが高温にならないように注意する。苗の伸びすぎ（徒長）を防ぐためである。後期は田植えにそなえて、苗を外気温に慣れさせ、土の水分は乾燥しないように注意する。

●図2　育苗箱への播種（4月中旬）

図中の番号は，以下の作業順序である。①育苗箱に土を詰める，②土に水を染み込ませる，③一定量の種子（催芽した種籾）を育苗箱に播く，④その上に軽く土を被せる（覆土）

田植えの準備作業

苗づくりと並行しながら、4月下旬には田植えの準備を開始する。田んぼを囲む土手（畦畔または畔）、田んぼに入れる水（用水）の通り道（用水路）と、用水の田んぼへの入口（水口）や田んぼからの排水路などを点検・補修する。畦畔はひび割れなどがあると田んぼの水が漏れ出るので、それを防ぐために、田んぼの土を泥状にこねて畦畔に塗り込む（畔塗り）。専用の機械でこの作業をおこなう。

5月の上旬から中旬には、田植え前の肥料（基肥）を田んぼの表面に散布した後、トラクタで15cmくらいまでの土とよく混ぜる（田おこし）。この作業を追いかけるように、田んぼに用水を入れ始める。田んぼに用水が入ると、その水と一緒に田んぼの土を細かく砕いてかき混ぜ泥水状態にする。これを代かきという【●図4】。泥水状態になった土のうち、粒が大きく重たいものから先に田んぼ表面に沈み、粘土のような細かく軽い土の粒は後から沈んでいく。その結果、田んぼの土の表面に細かい土粒子の皮膜ができ、田んぼからの水漏れを防ぐ。同時に、土の表面が均平にならされるため、田んぼの表面にたまる水（田面水）の深さが揃う効果もある。したがって、代かきは田植え前の重要な作業である。

●図3　全長90mの育苗ハウスで育苗する（4月中旬～5月中旬）

ぶら下がっている黒のホースは育苗箱への水まき用ホース

●図4　代かき（5月上旬）

代かきが終わった田んぼの表面には、前の年のイネの刈株や根、その他のゴミが浮かびあがって畦畔に寄せられてくる。このゴミを拾い上げるのも大切な作業だ。ただし、この作業は機械ではできず手作業である。その手作業を所有するすべての田んぼでおこなうとなると、かなり重労働である。1人でやると1週間くらいかかる。これでやっと田植えの準備が整ったことになる。

田植え

田植えは5月中旬に始まり、22haの水田を1週間くらいで終わらせる。育苗箱の中で育ったイネの苗を育苗箱からはずすと、苗が1枚のマット状になって出てくる。苗の根が多数集まり、それが育苗箱の底でからまりあうことでできる。このマットから田植機の植付けツメで苗をかき取りながら作業する。作業途中で苗を使いきって不足するのを補うために、予備のマットも田植機に積み込まれている【●図5】。

●図5　田植機を使って田植え（5月中旬～下旬）

一度に8列分の苗を移植する

●図6　畔に除草剤を散布

田植えが終わってから9月上旬まで，適宜，実施する（9月上旬撮影）

田植え後の田んぼの管理—その1

除草

田植えが終わると春の繁忙期が一段落する。しかし、イネをきちんと育てるにはまだまだ作業が続く。最初の作業は田んぼに生えてくる雑草の防除（除草）である。雑草を枯らすか、雑草が生えにくくするための農薬（除草剤）を使う。5月下旬から6月上旬にかけて1回だけ（多くても2回）田んぼに除草剤を散布する。白倉農場のように大面積の田んぼを管理する場合、除草剤なしでイネを栽培することは、労力面からみてほぼ不可能である。

畦畔の除草作業は、田んぼの場合よりもさらに大変な作業である。この作業は、草刈機を用いて人力でするのが原則である。雑草の根が張ることで畔を強くし、水漏れを防ぐからだ。しかし、田んぼの面積が多いと畔道の距離も長くなり、草刈機で除草するのは事実上難しい。したがって、ここも除草剤を利用することになる【●図6】。農薬の使用にあたっては、北海道の防除ガイドにしたがい、使用法や使用量を守り適正に利用することに留意している。

田植え後の田んぼの管理──その2

穂がでるまでの水管理

田んぼの水（田面水）の管理、これも大切な毎日の作業である。田んぼの田面水を観察し、イネの生育に合わせてその深さを調節する。田植えの後から6月上旬までの生育初期のころは、寒さからイネを保護するために、田面水の深さを苗の4分の3くらいまで水に浸るように深く管理（深水管理）する。

6月上旬になると、イネの養分吸収が盛んになって、根元から新しい茎（分げつ）が出てくる。この時期は、根元の地温を高めて分げつの発生を助けるように、田面水の深さをこれまでとは一転して2～3cmくらいに浅くする。この時期に十分に分げつを発生させることは、穂数の確保に重要だ。北海道のイネ品種はどれも穂数を多くすることで多収を実現しているからである。発生した分げつは、6月下旬に茎の中で将来穂になる器官（幼穂）をつくり始める（幼穂形成期）。

茎の中で育つ幼穂は寒さに弱い。それゆえ、7月になって低温が心配な時には、徐々に水深を深くし、最大で20cmくらいの深水管理をおこなう。こうして幼穂を保温して保護する。冷害の危険期が終わる7月下旬

●図7　用水路と排水路のセットで田んぼの水管理

には、茎から穂が出てくる（出穂）時期になる。出穂が始まると再び浅水管理に切り替える（注2）。

　このように田んぼの水を任意に管理できるのは、用水路と排水路の両方が田んぼにセットで完備されているからである【●図7】。どちらか一方だけでは水管理ができない。

田植え後の田んぼの管理―その3

出穂後の水管理と病害虫の防除

　出穂すると、穂についていて後で籾になる緑色の部分（穎）が開き（開花（注3））、穎の中にあった雄しべが外に出てくる。このとき、雄しべの花粉が雌しべにこぼれて受粉する。イネの受粉の時間は開花後のわずか2〜3時間程度である。受粉すると開いていた穎は30分くらいで閉じ、再び開くことはない。開花後、

●図8　コンバインを使ったイネ刈り（9月中旬）
刈り取り幅 3.6m，イネの列でいうと12 列分を一度に刈り取っていく

葉の光合成によってつくられたデンプンが籾に蓄積されていき、出穂後50日くらいで収穫期を迎える。この時期を登熟期間という。

　出穂した後、登熟期間の田んぼの水は浅水管理に切り替える。そして、田んぼの土の水分条件を見ながら必要に応じて用水を入れたり、止めたりを繰り返す（間断かんがい）。こうしてイネの実りとともに穂が少しずつ重くなり、前に曲がってきたところで、田んぼから水を抜く（落水）。ただし、田んぼの土を乾燥させすぎると、収量や玄米の品質が低下するので、土の乾き具合を見ながら、必要に応じて用水を田んぼに入れて水分の維持につとめる。

　出穂期とその前後（7月下旬〜8月上旬）は、イネが病害虫の被害を受けやすい時期でもある。とくに、

いもち病（注4）の被害を受けると収量の低下が大きいので要注意である。水管理のときに、病気の症状がでているかどうかをよく観察する。出穂期はこの被害を防ぐための農薬散布適期である。また、虫害ではカメムシの被害が大きい。被害を防ぐには、出穂期とその7日後（7月下旬と8月上旬）の2回、農薬を散布する。

北海道は本州と比べ涼しく梅雨がない。このため、イネの病害虫の発生は本州よりも少ない。また、イネの栽培期間が短いこともあって、農薬の使用量は少ない。さらに最近では農薬の散布回数を減らすことのできる薬剤も開発されており、白倉農場では農薬の使用を減らすための努力を続けている。

イネ刈りからコメができるまで

3月の融雪剤散布から始まるイネの栽培は、9月中旬になるといよいよ収穫、イネ刈りを迎える。コンバインという機械を使い、イネの刈り取りと同時に、イネの穂についている籾を穂からはずす脱穀もおこなう【●図8】。白倉農場では、天気に恵まれ作業が順調に進めば、22haの田んぼを7～10日間くらいで収穫を終わらせる。

コンバインで収穫された籾の水分含量は高いので、そのままでは出荷に適さない。そこでまずは自宅で、出荷時に要求されている上限の水分より、やや低めに乾燥させてから保管する。この保管していた籾を、10月の中旬にはJA（農業協同組合）が運営する集荷施設へ出荷する。

集荷施設では、籾の中にまじったイナワラ、小石、土などを取り除き、収穫した籾重量が計量される。出荷された籾から一部が抽出され、籾摺りをおこなって玄米とし、整粒歩合（注5）や食味と関係の深い玄米中のタンパク質含量が測定される。その測定結果と検査員の目視確認に基づき、出荷米の品位（一等米、二等米など）が格付けされる。その格付けは出荷米の価格に反映される。

受け入れられた籾は、集荷施設で水分含量を15％まで乾燥される。乾燥された籾は、品種別にタンパク質含量で選別され、それぞれが保管貯蔵施設（サイロ）に詰め込まれる。このサイロは外気温に影響されず、翌年の夏まで食味品質を落とすことなく保管貯蔵できる。保管されていた籾は精米工場に出荷する前に、この施設で籾摺りされて玄米に姿を変

●図9　田んぼの排水改良のために素焼きの土管を埋設する（暗渠の施工，10月下旬）

える。最新の設備を整えた集荷施設では、最終的に小型カメラ（イメージセンサ）で玄米の1粒1粒を点検し、着色粒や透明な異物などを取り除くまで徹底している。この玄米を精米工場へ出荷していよいよコメが生産されることになる。

精米工場に届いた玄米は、再び小さなゴミや砂などを取り除き、精米機にかけられて糠や胚芽が取られて精米になる。精米されてはじめてコメ（白米）といえる状態になる。精米が終わったコメは、もう一度、異物や糠のかけらや金属、ガラスなどの混入がないように点検され、安心して食べられるコメにする。これを袋詰めする前、さらに金属検出機などで最終的な点検を済ませてから、一定量を袋詰めし、晴れて販売用製品となる。この製品がスーパーやお米屋さんに運ばれて消費者の手もとに届く。

イネ刈り後の田んぼの管理

白倉さんの作業は、籾を集荷施設に出荷して終了というわけにはいかない。イネ刈りが終わった田んぼの管理作業が待っている。たとえば、自身が所有する田んぼで排水が悪いところでは、土の水はけを改善するために30～50 cmの深さまでの土に、排水用の切れ目を入れる（心土破砕）。排水がとくに悪い田んぼには、地下に素焼きの土管でつくった排水管を埋め込む（暗渠）【●図9】。

また、コンバインで収穫した後に吐き出されたイナワラや、刈り取り後に残るイネの刈株などを、トラクタを使って深さ10㎝くらいの土と混ぜ合わせる【●図10】。こうした田んぼの残務整理は10月上旬から中旬にかけての仕事である。この作業が終わってしばらくすると初雪が舞い降り、11月には積雪があり、長い冬となる。3月の融雪剤散布から始まったイネつくりの作業も、これで終了する。その概要を田植えまでの作業と、田植え後の作業でまとめたものが、【●図11】である。

毎日食卓で食べるご飯の素となるコメは、ここまで詳しく述べてきたように、白倉さんのようなイネつくり農家だけでなく、集荷施設、精米工場など関係者の皆さんの努力によって安心して食べられるようにつくられている。

ここではコメを紹介したが、野菜や畑作物、焼肉や肉料理に使う肉、それがどういう人の手を経てスーパーの売り場に並ぶのか。たとえば肉の場合、まずは牛、豚、鶏などを飼育する畜産農家、そしてその動物を出荷する時のトラックの運転手、生きた家畜の命を絶って枝肉にする屠畜（とちく）場の技術者、枝肉を卸売市場に運ぶ運転手、さらに市場で売買の終わった枝肉を各地の精肉店やスーパーや加工業者へ運搬する人、枝肉から食肉にする精肉作業員、その精肉をスーパーのトレイにきれいに詰めて売り場の棚に並べる人など、ざっと思い浮かべても多くの人手を経ている。

有機栽培にしろ、慣行栽培にしろ、農産物の農法のちがいを議論するときに、農産物の背景にこうした労力と手間が込められていることを念頭に置いておきたいと思う。

●図10　イネ刈りの残渣のすき込み（10月下旬）

1）田植えまでの作業

3月			4月			5月	
上旬	中旬	下旬	上旬	中旬	下旬	上旬	中旬
	融雪剤散布	育苗用ハウスの設置		育苗期間 種まき，育苗箱の水分管理，ハウス内温度管理			
			種子の消毒と発芽を揃える処理				田植え
					田植え前の田んぼの整備 畔塗り・田おこし・用水導入・代かき・ゴミ拾い		

2）田植え後の作業

5月	6月			7月			8月		
下旬	上旬	中旬	下旬	上旬	中旬	下旬	上旬	中旬	下旬
						いもち病の防除			
						カメムシの防除			
田んぼの雑草防除（除草剤）									
田んぼの水管理　（それぞれの水管理時期は，生育状況によって多少前後する）									
生育初期：保温の深水管理	分げつ発生促進の浅水管理			冷害危険期：幼穂保護の深水管理			登熟期間：浅水管理・間断かんがい		

9月			10月		
上旬	中旬	下旬	上旬	中旬	下旬
	イネ刈り		刈り取り後のイナワラや刈株の土との混和		
	籾の一次乾燥・自宅保管			集荷施設へ籾の出荷	
			田んぼの土の透排水性改善（心土破砕）		暗渠設置

●図11　白倉農場のイネつくりの年間作業

注1　この優良な種子（種籾）を安価でかつ安定供給する体制を法的に支えていたのが、主要農産物種子法（種子法）である。ところが２０１７年２月に閣議で種子法廃止を決定。衆議院２日間、参議院３日間のわずかな実質審議しかせず可決・成立。１年後の２０１８年４月に廃止された。これまで主要農作物であるイネ、ムギ、ダイズの品種改良やその結果生まれる新品種の種子の供給は、この種子法によって都道府県に義務づけられ、予算措置がなされていたのだが、その根拠を失った。このため、今後の種子の供給体制に不安要素が残る。

注2　イネは短日植物である。このため、日長が一定時間よりも短くなる（厳密には、暗闇の時間が一定時間より長くなる）ことを感じて幼穂が形成され、出穂に向かうという生育経過をたどる。しかし、北海道で栽培されるイネがこの性質を持っていると、幼穂をつくって出穂するのは盛夏を過ぎる。秋の早い北海道で出穂の遅れは、籾にデンプンを蓄積する期間が短くなり、十分に実ることができない。このため、北海道で栽培されているイネは短日性を失い、一定の温度を感じることで幼穂をつくり、早く出穂する性質を持っている。つまり北海道のイネは、本来のイネとはまったくちがう特殊な生育経過を示す。

注3　イネの開花というが、イネの花には花びらがない。

注4　いもち病菌というカビの仲間の糸状菌によって発病する。種籾を消毒するのは、このいもち病対策である。しかし、それで完全に防除するのが難しい。低温・多雨が続くと発生の心配があるので、早期発見し、薬剤で防除する必要がある。

注5　玄米のうち、未熟なもの（未熟粒）、病気や虫などの被害を受けたもの、さまざまな条件で玄米に異常を認めたもの（被害粒）、さらに玄米の粒の大部分が粉状で光沢を失ったもの（死米）などを除いた大きな障害のない玄米の割合。

4章

農業を有機農業と慣行農業に分断しない

わが国では不幸なことに、有機農業に対する評価が二分されている。有機農業に大きな期待を寄せる評価と、有機農業では食料の生産性が低下し、食料の安全保障に問題を残すと考えて慣行農業に期待する評価である。こうした二つの考え方は、「科学的論拠なしに、一方が他方を否定しあっている感を与えている」[1]。有機農業と慣行農業は、食料を生産して消費者に届けるということでは同じことをしているにも関わらず、両者で分断が進むのはまさに不幸なことである。

この章では、有機農業とはどのような農業なのか、慣行農業と比べてちがいがあるのかを考え、慣行農業と有機農業を分断して考えることに大きな意味がないことを見てみたい。しかし、だからといって、有機農業に存在価値がないということではない。有機農業には環境や生物の多様性を保全するという大きな価値があり、そうした、有機農業の価値を消費者が認めれば、新たな社会貢献ができることを、その実例から学びたい。

1 有機農業とはどんな農業か

わが国で有機農業といえば、単に化学合成の肥料や農薬を使用せずに農産物を生産する農業と思われがちである。しかし、国際的な有機農業の理解は、これとは大きく異なる。FAO（国連食糧農業機関）は、わが国でそのような誤解をまねいた原因が、1992年の農林水産省による通達「有機農産物等に係る青果物等特別表示ガイドライン」で、化学合成資材を使用しないで生産しただけの農産物を、「有機農産物」としたことにあると指摘している[2]。では、国際的には有機農業をどう受け止めているのだろうか。

国際的な有機農業の定義と基礎となる四つの原理

世界各地でおこなわれている有機農業の活動を国際的に束ねる組織が、国際有機農業運動連盟（International Federation of Organic Agriculture Movements、略称はＩＦＯＡＭ：アイフォーム）である。１９７２年、フランスのベルサイユで設立された。このＩＦＯＡＭは世界各国の有機農業グループらと有機農業をどう定義づけるか議論を重ね、２００８年６月にイタリアのヴィニョーラで開催された総会で、次のような有機農業の定義を承認した[3]。すなわち、「有機農業は、土壌・自然生態系・人々の健康を持続させる農業生産システムである。それは、地域の自然生態系の営み、生物多様性と循環に根差すものであり、これに悪影響を及ぼす投入物の使用を避けておこなわれる。有機農業は、伝統と革新と科学を結び付け、自然環境と共生してその恵みを分かち合い、そして、関係するすべての生物と人間の間に公正な関係を築くとともに生命（いのち）・生活（くらし）の質を高める。（ＩＦＯＡＭによる和訳）」

この定義で明らかなように、ＩＦＯＡＭが主張する有機農業とは、単に化学合成資材を使用しない農業というような軽い理解ではない。そこには、有機農業が以下の四つの原理に基づく農業であるという考え方を色濃く反映している[4]。すなわち、「①健康の原理…有機農業は、土・植物・動物・人・そして地球の健康を個々別々に分けては考えられないものと認識し、これを維持し、助長すべきである。②生態的原理…有機農業は、生態系とその循環に基づくものであり、それらとともに働き、学びあい、それらの維持を助けるものであるべきである。③公正の原理…有機農業は、共有環境と生存の機会に関して、公正さを確かなものとする相互関係を構築すべきである。④配慮の原理…有機農業は、現世代と次世代の健康・幸福・環境を守るため、予防的かつ責任ある方法で管理されるべきである。（Ｉ

ＦＯＡＭによる和訳）」

この原理には、産業革命後に登場した商品としての農産物生産を目指す農業と、農業に代わって人間の生産活動の中心となった工業に対する強い批判が込められている。有機農業の原理がそのような批判をするのは、商品生産を目的とする農業は、環境から資源を収奪するだけで持続性に乏しく、環境に悪影響を与え、土の肥沃度の維持を忘れていると考えるからである。また、工業の利己的な利益追求姿勢も批判材料の一つである。さらに、化学合成資材の使用は、有機農業が根ざす地域の自然生態系の営みや、生物多様性、物質循環に対して悪影響をおよぼすと考えるがゆえに、有機農業ではその使用を避けている。

わが国の有機農業と有機農産物

わが国では、２００６年に公布された「有機農業の推進に関する法律」で「有機農業とは化学的に合成された肥料及び農薬を使用しないこと並びに遺伝子組換え技術を利用しないことを基本として、農業生産に由来する環境への負荷をできる限り低減した農業生産の方法を用いて行われる農業をいう」とされている。また有機農産物とは、「有機農産物の日本農林規格（有機ＪＡＳ規格）」の基準に適合して生産された農産物をいう。とくに、有機ＪＡＳ規格に適合して生産されたことを第三者機関が検査し、認証された場合には、その生産物に対して「有機ＪＡＳマーク」の使用が許され、「有機○○」や「オーガニック○○」（ここで○○は、具体的な農産物名）などと表示できる。有機ＪＡＳ規格では有機農産物の生産についての基準には、栽培するほ場、使用する種子や苗、肥培管理や栽培管理、さらには、収穫方法や収穫後の工程にかかわる管理などについての基準が細かく設定されている[5]（注１）。この有機農産物の認証制度は２００１年から開始された。

ただし、これらはいずれも農林水産省の告示、すなわち「国民へのお知らせ」としての位置づけである。先進諸国の多くは、有機農業の定義や生産基準を独立した法律で規定していることから比べると、わが国では農業のあり方としての有機農業が軽くみられており、生産された農産物（有機農産物）だけを評価しているにすぎない[6]。

2

有機農業は慣行農業より優れているか
――研究のメタ分析による評価

有機農業は、自然環境と共生してその恵みを分かち合い、関係するすべての生物と人間の間に公正な関係を築くとともに、生命と生活の質を高めることを大切にしようとしている。このため、化学肥料や農薬を使う慣行農業よりも環境に与える悪影響が少なく、生産された農産物は品質が良く健康に良いといわれている。これは事実なのだろうか。じつは、この問いに対して回答するのは容易ではない。

有機農業と慣行農業を比較するのは難しい

たとえば、有機農業のほうが慣行農業よりも地下水の水質汚染を起こしにくく、環境に優しいといわれることがある。しかし、有機農業の養分源である堆肥を乱用して、その地域の適量の何倍も過剰に与えたら、化学肥料を地域の適正量で与えた場合よりも、地下水の水質をより強く汚染してしまうこともあるだろう。したがって、このような比較をおこなう場合、水質汚染の原因となる窒素やリンといった養分量を、少なくとも両者で同じ量にして、その比較が正しくおこなえるように注意深く条件を設定する必要がある。そのような条件設定をしないで、ただ単に有機農業と慣行農業の特定の項目の調査結果を比較しても、意味ある結論を導き出すことはできない。

ところが、いざ実際に有機農業と慣行農業の環境への影響を比較しようとしても、現実にはそれぞれの栽培条件はあまりにも多様であるため、条件を同じにして両者を比較するということはそもそもできない。そこで採用されたのがメタ分析という統計学的手法による比較である。メタ分析というのは、すでに公刊されている多くの文献で示された結果を、可能な限り広く偏りなく収集し、環境への影響や、作物の生産性（収量）、生産物の品質などといった項目について統計学的に検討し、比較する両者の間に意味のあるちがいがあるかどうかを判別する解析方法である。個別の研究では条件の設定によって結果に偏りが生じることがある。しかし、メタ分析では多くの研究結果を一つにまとめるので、偏りを超えた、より一般的な結果を得ることができるという利点がある。

有機農業と慣行農業を比較する研究成果や、両者の比較をおこなうメタ分析の結果は、西尾の著書『検証 有機農業』で詳しく紹介されている。[7] 以下それに基づいて、環境に対する影響、作物の収量、さらに生産された農産物の品質について両者を比較する。

有機農業は慣行農業より環境に優しい農業か[8]

①地下水質への影響…欧米の畑作の有機農業では、化学肥料を使用せず、マメ科牧草などを緑肥（注2）として土へすき込み、さらには家畜ふん尿などからつくられた堆肥を土に与える。こうした作業は養分供給だけでなく、作物栽培によって消耗した有機物の補給でもある。ここで重要なことは、利用する堆肥は、農場内や地域に存在する有機物を循環利用して生産することである。地域にあった養分を地域に還元して利用しているため、余剰となる養分は少なく、このような状況が維持される限り、環境へあふれ出る養分も少ない。したがって、地下水や土の表面を流れる水を汚染することは少ない。

しかし、こうした有機農業であっても、生産を上げたいとの思いから堆肥などの有機質肥料を多量に与えることがあるかもしれない。そのような場合、堆肥からの養分、たとえば窒素が作物の要求量以上に与えられると、事情はややちがってくる。作物が吸収してもなお余剰となった窒素が土に残るからである。その余剰窒素は、土の微生物によって硝酸態窒素に変化する。硝酸態窒素はマイナスのイオンであり、土が持つマイナスの電気（負荷電、2章6節を参照）と反発して土に保持されにくい。そのため、地下水に流出しやすく、地下水汚染につながる。これは、化学肥料を過剰に与えた場合でも同じである。したがって、与える有機質肥料の量によっては、有機農業であっても地下水汚染を発生させることはあり得る。

図21　水食や風食で土が削られた土地

(a) 水食被害を受けた畑地（中国・内蒙古），(b) 強風で土が飛ばされる風食被害を受ける畑（北海道・十勝地方）

②土の保全への影響…有機農業では雑草に対しても農薬を使用せず、人力か機械で除草するのが基本である。条件が許される場合には、栽培した作物の収穫残渣を土にすき込まず、土の表面に置いて土を被覆し、雑草の繁茂を防ぐ。土の有機物の消耗を防ぐため、なるべく土を反転耕起しない。さらに豪雨で土が削りとられたり（水食という）、強風で土が吹き飛ばされたり（風食という）しないように、被覆作物（注3）を利用し、土の表面がむき出しとなる（裸地状態）期間を可能な限り短くする。こうした対策を実行する有機農

業は、慣行農業と比べて土壌侵食を防ぎ【図21】、土の有機物の保全効果が大きい。

③大気環境への影響…農業が大気環境に与える大きな問題は、一酸化二窒素（亜酸化窒素ともいう、N_2O）という温室効果ガスの一種が土から放出されることである。一酸化二窒素は、二酸化炭素（CO_2）の298倍もの強力な温室効果ガスである。IPCC（気候変動に関する政府間パネル（注4））の第5次報告書によれば、世界中で発生する一酸化二窒素のうち、39％の発生源が人間活動に由来する。さらに、その人間活動による発生量の60％は農業から排出されている。

西尾によれば、この一酸化二窒素の発生量は、一般に、有機農業のほうが慣行農業よりも少ない。地下水汚染の場合と同じように、有機農業の畑への窒素投入量が慣行農業よりも少ないからである。この窒素投入量が有機農業において少ないのは、畑に与えられる家畜ふん尿の量に上限が設定されていることが影響している。たとえばEUの有機農業実施規則では、家畜ふん尿の農地への還元量はふん尿に含まれる窒素の量で、1ha当たり年間170kgが上限量である。わが国のように、農地へ与える家畜ふん尿の量に上限が設定されていないと、有機農業であっても過剰にふん尿由来の堆肥などが与えられることもある。その場合、一酸化二窒素の発生量が有機農業でも多くなる可能性がある。

④環境への影響は前提条件が重要…以上の検討結果から、有機農業は土を作物生産に適した状態で保全するということでは、慣行農業よりも優れているといえそうである。しかし水質や大気に対して、有機農業のほうが慣行農業よりも悪影響が少ないというには、農地に与えられる有機物由来の養分量が作物の要求以上にならない範囲という前提条件が必要になる。どんな場合でも無条件で有機農業が慣行農業よりも水質や大気を汚さないということではない。

有機農業と慣行農業で作物生産性の比較[9]

次に、作物の生産性について比較してみよう。有機農業と慣行農業で、作物の生産性についての比較がおこなわれたメタ分析の結果は、以下に紹介する三つの報告がある。

①バッジリーらの報告：単位面積当たりの生産量、すなわち収量は、同じ作物を有機農業と慣行農業で栽培した時、どのようにちがうのだろうか。このことで最初に大きな衝撃を与えたのは、バッジリーらの結果である[10]。彼らによると、世界の農業が有機農業に転換しても食料生産量は減ることはない。それればかりか、むしろ増加して現在の農地面積を増やさなくても世界人口を養えるという。それまで、有機農業は慣行農業よりも収量が低下し、有機農業だけでは世界人口を養えないと考えられていた。このため、彼らの結果は関係者を驚かせた。しかし、そのような結論が導き出されたのには理由があった。それは、彼らのデータの収集方法に問題があったことである。

彼らが分析のために採用した有機農業のデータは、有機認証を受けた事例だけでなく、認証を受けていない事例も含んでいた。さらに、途上国の慣行農業は、化学肥料や農薬の使用が必ずしも十分ではないため、もともと収量水準が低く、その低い収量水準で有機農業と比較されたために、有機農業が慣行農業よりも大きく増収した可能性がある。彼らのデータにはこのような問題が含まれており、その是非を問う多くの批判が寄せられた。

そこで、分析に採用するデータをより厳密にして、有機農業と慣行農業の収量の比較を再検討する研究が公表された。それが、ド・ポンティら[11]、およびスファートら[12]の報告である。

②ド・ポンティらとスファートらの報告：ド・ポンティらが対象にした有機農業の事例は、ＩＦＯＡＭ（国際有機農業運動連盟）の有機農業基準を満たしているものだけである。スファートらの報告でも、収集するデータは、ド・ポンティらの場合と同様に厳選した。すなわち、検討対象とする事例

は、有機認証を受けた有機農業で、比較する慣行農業のデータはその有機農業とペアになっている研究結果に限定した。また、統計的に誤差を評価できるように、サンプル数や誤差が示されていることも採用の条件に含められた。

この二つの報告の慣行農業に対する有機農業の収量の比率は、ともに類似することが多かった。すなわち、対象となるデータ全体でみると、有機農業の作物収量は慣行農業の75%（スファートらの結果）から80%（ド・ポンティらの結果）と低くかった。ただし、どちらの報告でも、この有機農業の収量が慣行農業よりも低下することは、作物の種類や地域などによって大きくちがっている。共通しているのは、慣行農業において集約度が高い（化学肥料や農薬などの資材や労力の投入量が多い）ほど、（慣行農業に比べて）有機農業の収量が大きく低下することである。作物でいえば、集約度の高い野菜や穀物などでは有機農業で収量低下が大きい。

ド・ポンティらは慣行農業で集約度が高まり、化学肥料や農薬が十分かつ適正に用いられ、最終的に養分や病害虫ではなく水が作物生産を規制するところまで収量水準が上がると、養分不足や病害虫などの被害を受けやすい有機農業の収量との差がさらに大きくなると考えた。したがって、有機農業での収量向上の大きな課題は、養分供給と病害虫防除の技術的な課題をいかに克服するかである。しかし、このことをいいかえると、途上国やマメ科作物のように、集約度が低い地域や作物を対象にすると、慣行農業から有機農業に転換しても、それによる収量の低下は集約度の高い地域や作物に比べると小さいということになる。

この他、スファートらは有機農業の経過年数が増えるほど、慣行農業の収量との差が小さくなると報告している。有機農業では養分源として緑肥や堆肥、家畜ふん尿といった有機質肥料が農地に与えられる。この有機質肥料に含まれる作物に有効な養分、とくに窒素やリンは、与えられた年にすべてが作物へ供給されるわけではない。これは、有機質肥料に含まれる窒素やリンの多くが作物にすぐに吸収できない形態の有機態で存在しているからである。したがって有機質肥料の養分の多くは次年度へ持ち越される。この持ち越される養分量は、有機農業の年数が増えるとともに土に蓄積されて増えていく。蓄積された養分は土の中で徐々に分解され、作物に吸収されやすい形態である無機態の養分に変化する。その結果、有機農業の経過年数が増えるほど作物に利用されやすい形態の養分が増え、それが作物に養分として利用されていく。このような養分供給の改善効果が、有機農業の経過年数にともなって現れるため、慣行農業との収量差が小さくなるのだろう。ただし、この現象がさらに進むと、有機農業でも経年化にともなって増える蓄積養分量に応じて、有機質肥料の与える量を減らす必要がある。そうしなければ、養分に余剰が発生する可能性があり、環境への悪影響が心配される。

③収量差は、有機農業と慣行農業の生産性の特徴を反映…以上の報告をまとめると、有機農業と慣行農業で同じ作物を栽培すると、有機農業の収量のほうが慣行農業の場合より低下すると考えられる。ただし、その収量低下の程度は、作物の種類、慣行農業における集約度や有機農業の経過年数、その他さまざまな要因（注5）に影響される。有機農業は、農家や地域といった小さな規模での養分循環を大切にする。このため、供給される養分量はその規模によって規制されている。また、病害虫の防除は、人力や機械力で可能な範囲でおこなおうとする。それゆえ、化学肥料や農薬を十分にかつ適正に使って収量水準を高めようとする慣行農業に対して、有機農業は養分供給や雑草防除などが慣行農業の領域に到達することができず、作物の収量は集約的な慣行農業の水準に届かない。しかし、これが有機農業の生産性の特徴である。有機農業で食料生産量が減少するのであれば、それを慣行農業が補うことで、全体としての食料生産を維持できる可能性はあるだろう。

有機農産物の品質は慣行農業の農産物よりも優れているか[13]

最後に、作物の品質で有機と慣行の農産物を比較してみよう。一般に慣行農業より有機農業の農産物のほうが栄養的に優れ、おいしく、健康にも良いと期待されている。消費者もそう思っているからこそ、たとえそれが高価であっても有機農産物を選ぶのだろう。しかし、農産物の栄養的な品質が有機と慣行でちがいがあるのかという問題について、科学的な検証は必ずしも十分でなかった。以下では、ダンガーら[14,15]、スミス・スペングラーら[16]、そしてアメリカ小児科学会[17]の3つの報告を紹介しよう。

①ダンガーらの報告…イギリスの食品基準庁（Food Standards Agency、略称はＦＳＡ（注６））は、この問題を科学的に検証するように、ロンドン大学衛生熱帯医学大学院のダンガーらに委託した。ダンガーらのＦＳＡへの報告書[14,15]によると、彼らは、１９５８年から２００８年までの50年間に世界で公表された研究論文を検索して、食品（ここでいう食品とは農産物、畜産物、小売店から購入した食品などを含む）の内部品質に関する５万２４７１の論文を、また、健康への効果に関する９万１９８９の論文を収集した。これらの論文が専門家による審査を受けて学術雑誌に掲載されているか、あるいは、科学的根拠の明白なデータに基づく結論が記載されているかどうかを基準に論文を厳選した。また、外部評価委員がダンガーらの論文の選択やその検討過程、さらには報告書案などを厳しくチェックした。

こうして十分に検討に値する論文を絞り込むと、内部品質について「検討に値する論文」の数は１６２になった。このうち有機認証を受けた組織名、作物や家畜の品種や系統、さらにデータの統計解析法や分析方法などが明記されていない１０７の論文を除いた55の論文を、最終的に「満足できる質の論文」とした。なお、健康についての論文で最終的に残ったものはわずかに11と少なかった。このため、統計的な検討を実施しなかった。

「検討するに値する論文」を対象に、栄養分について有機と慣行の食品で比較したところ、検討した内部品質23項目のうち、16項目は有機と慣行でちがいがなかった【表3】。統計的に意味のある（有意な）ちがいがあったのは、窒素（タンパク質）、フェノール化合物（注7）、マグネシウム、亜鉛、フラボノイド（注8）、糖などの含有率、そして乾物率だった【表3】。「満足できる質の論文」を対象にして比較した場合には、窒素（タンパク質）とリンの含有率、そして滴定酸度（注9）のわずか3項目だけで有意なちがいを認め、その他の20項目には有意なちがいがなかった。対象となる論文のどちらであっても共通に認められたことは、有機栽培された食品の窒素含有率のほうが慣行より有意に低いということだけだった。これは、おそらく有機よりも慣行栽培で使用した養分資材から与えられる窒素量が多かったか、土の中で作物に利用可能な形態（可給態）の窒素が多かったためだろう。

こうした結果から、ダンガーらは、栽培方法が有機であっても慣行であっても、食品の大部分の栄養分やその他の物質の含量に大きなちがいはないと結論づけた。また、ちがいを認めた項目についても、そのちがいには生物学的に説明可能であり、作物の管理や土のちがいに基づく結果であって、農法のちがいがもたらした結果ではないと報告している。ＦＳＡはこの結論に基づいて報道発表をおこない、消費者は食品の栄養面で有機栽培か慣行栽培かを問題にするのではなく、バランスの取れた健康的な食事をすることが重要であると指摘している[18)]。

②スミス・スペングラーらの報告…ダンガーらのメタ分析の報告があってから、有機農産物に関する研究論文は飛躍的に増加した。そこで、アメリカ・スタンフォード大学のスミス・スペングラーらは、有機食品と慣行食品とで栄養的なちがいがあるのかを改めて検討した。ダンガーらと同様に、検討対象とする論文を厳選し、１９６６年から２０１１年までに公表されたものから、最終的に２３７の論文を採択してメタ分析をおこなった。その結果を以下のように報告している。

表3　有機栽培と慣行栽培の作物の栄養分と関連物質の含有量の比較

(Dangourら，2009a)

栄養分と関連物質	検討に値する論文による統計的解析結果			満足できる質の論文だけで統計的解析		
	論文数	有機と慣行の比較データ数	統計的に高い水準にあるのは	論文数	有機と慣行の比較データ数	統計的に高い水準にあるのは
窒素	42	145	慣行	17	64	慣行
ビタミンC	37	143	ー*	14	65	ー
フェノール化合物	34	164	有機	13	80	ー
マグネシム	30	75	有機	13	35	ー
カルシウム	29	76	ー	13	37	ー
リン	27	75	ー	12	35	有機
カリウム	27	74	ー	12	34	ー
亜鉛	25	84	有機	11	30	ー
全可溶性固形物	22	81	ー	11	29	ー
滴定酸度	21	66	ー	10	29	有機
銅	21	62	ー	11	30	ー
フラボノイド	20	158	有機	4	48	ー
鉄	20	62	ー	8	25	ー
糖	19	95	有機	7	32	ー
硝酸塩	19	91	ー	7	23	ー
マンガン	19	58	ー	9	29	ー
灰分	16	46	ー	5	22	ー
乾物	15	35	有機	2	2	ー
特定タンパク質	13	127	ー	7	43	ー
ナトリウム	12	30	ー	6	17	ー
植物性不消化炭水化物	11	40	ー	3	18	ー
ベータカロチン	11	32	ー	3	9	ー
イオウ	10	28	ー	6	17	ー

*有機と慣行の間に統計的に意味ある差がないことを示す

一般に、有機食品は慣行よりも栄養的に優れていると考えられている。しかし、このような考えを全体として十分に説明できる科学的根拠は見いだせなかった。ただし、有機食品は慣行よりも残留農薬に汚染されるリスクを減らす可能性があること、また、有機農業の基準で飼われた鶏や豚の肉は、慣行よりも抗生物質の多剤耐性菌に汚染されるリスクを減らす可能性がある。こうした有機食品を優先的に食べる人と慣行食品を優先的に食べる人との間で、健康にちがいがあるかどうかについては、長期的に検討した試験は少ない。ヨーロッパで有機食品を優先的に食する子供たちと慣行食品を優先する子供たちを対象にして、アレルギーの発症にちがいがあるかどうかを調査した二つの短期観察では、食事とアレルギー発症との間には特別な関係はなかったと報告している。

③アメリカ小児科学会の見解[17)]…アメリカでは幼児や未成年者のいる家族や若い消費者は、有機農業で生産された果実や野菜をその他の消費者よりも多く購入しているという。また、乳児や児童の健康を心配する人たちから、小児科医が有機食品などについて問い合わせを受けることも多い。こうした状況から、小児科学会は有機食品についてダンガーやスミス・スペングラーらの結論と同様の見解を公表した。

すなわち、①有機農業と慣行農業の生産物に栄養的な差異はわずかにすぎず、そのわずかなちがいが臨床的に意味を持っているという証拠はない。②有機生産物は慣行のものよりも残留農薬量が少なく、有機生産物による食物を消費することは、人体への農薬の暴露を減らす。③有機農業の基準は、家畜に対して抗生物質の非治療的使用を禁止している。そのため、薬剤耐性菌の家畜体内での増加を抑止でき、薬剤耐性菌によって引き起こされる人間の疾病を減らす可能性がある。④さらにこの見解は、有機農業が慣行農業に比べると、化石燃料の消費を減らし、農薬による環境汚染を少なくする効果を高く評価している。⑤人の食事、とくに有機食品を多く消費することが健康とどのような関係にあるかは、今後大規模な調査をすることで理解が深まるだろうと指摘している。

④栄養的な差の四つの特徴ある傾向…以上のメタ分析をまとめると、作物が有機栽培されたか慣行栽培されたかでその生産物に栄養的なちがいはわずかで、そのちがいは臨床的に意味があるちがいとはいえないということになる。ただし、少し細かな視点でながめると、どの報告でも有機農産物（有機食品）の品質は、慣行農産物と比べて共通する特徴的な傾向がある。それは、①有機農産物は慣行に比べて低タンパク質で高糖分、すなわち高炭水化物であること、②抗酸化物質（ビタミンCやフェノール化合物、フラボノイドなど）が慣行よりも高くなりやすいこと、③残留農薬が低く農薬による健康被害を減らす効果が期待できること、④抗生物質に対する多剤耐性菌に汚染されるリスクが低いといった傾向である。

3 有機農産物の品質が慣行農産物とちがう特徴を持つのはなぜか

有機農産物には、前節でみた慣行農産物とはちがう共通した特徴的な傾向が現れるのは、どうしてなのだろうか。有機農産物が慣行農産物に比べ、残留農薬が低いことや、抗生物質に対する多剤耐性菌の汚染リスクが低いというのは、有機農業でそのような薬剤を使用していないという決定的なちがいがその原因であり、むしろ、当然の結果である。ここで考えるのは、有機農産物が慣行に比べて低タンパク質で高糖分（炭水化物）であることや、抗酸化物質が高含量となる理由である。

与えた窒素量が同じでもすぐに吸収できる窒素量は大きくちがう

有機農業と慣行農業を比較すると、作物に与える窒素の養分量が同じでも、作物がすぐに吸収でき

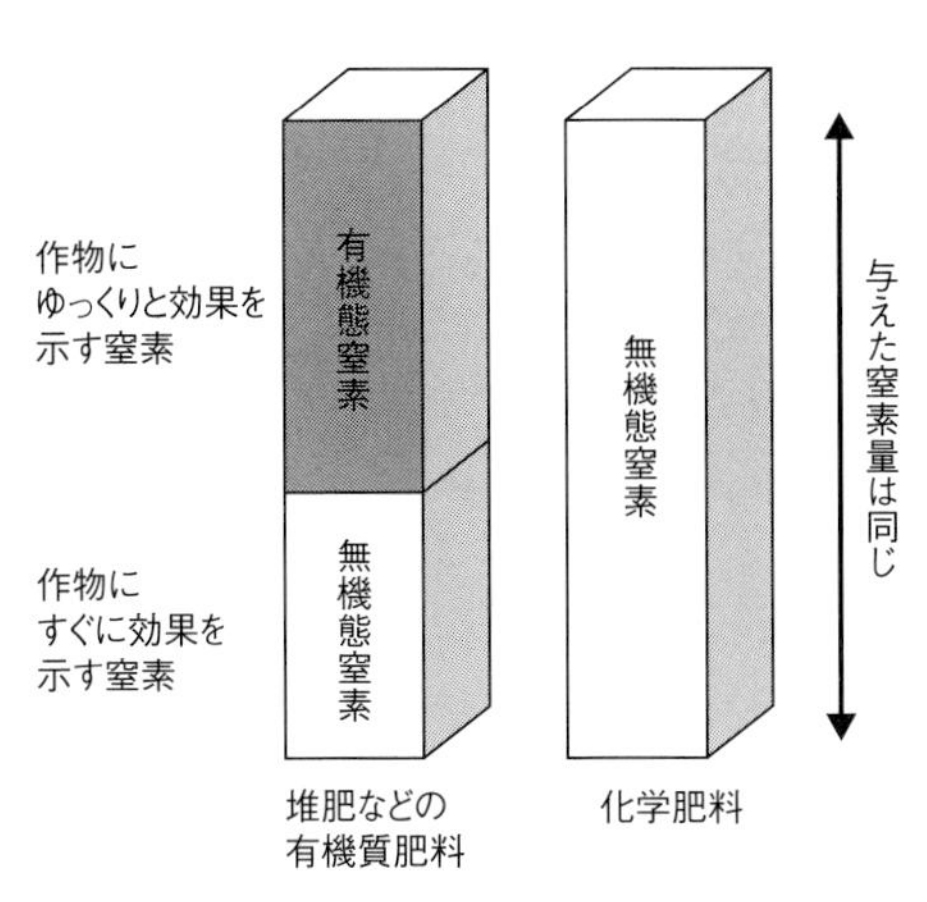

図22　堆肥と化学肥料では与えた窒素量が同じでも作物にすぐ吸収できる窒素量がちがう

る窒素（無機態窒素）は慣行農業のほうがはるかに多い【図22】。これは、有機農業で利用する堆肥などの有機質肥料に含まれる窒素の多くが、有機態窒素であるからだ。すでに2章で詳しく述べたように、植物は原則として無機態の形態で根から養分を吸収している。したがって、有機態窒素が作物に吸収されるためには、微生物によって分解されて無機態窒素になる必要がある。有機農業で有機質肥料を利用するかぎり、慣行農業と同量の窒素を与えたとしても、慣行農業の化学肥料の窒素と同じ効果を示すことができない。化学肥料の窒素は、すべてがすぐに吸収できる形態の無機態であるからである。このため、作物からみると、与えられた窒素量が同じでも、すぐに吸収できる窒素は有機農業で供給される量のほうが、慣行農業で供給される量よりも少ない量になっている。その結果、有機農業の作物の窒素吸収量は慣行農業より少なく、窒素（タンパク質）含量も低くなる。

ところが、窒素吸収量が少なく、結果として低タンパク質となった有機栽培作物の炭水化物含量は高くなる。これは植物体内でタンパク質と炭水化物がトレードオフの関係、つまりタンパク質と炭水化物はどちらか一方が多くなると、もう一方が少なくなるという関係にあるからである。

植物体内のタンパク質と炭水化物がトレードオフの関係となるしくみ

植物体内でタンパク質と炭水化物がトレードオフの関係にあるのは、窒素が根から吸収されてタンパク質の原料となるアミノ酸が合成されるしくみから考えるとよく理解できる。そのしくみは、2章9節で述べた【図12】および【図13】のしくみである。

すなわち、堆肥や化学肥料などから窒素を多く与えられた植物は、水田なら窒素の養分イオンであるアンモニウムイオンを、畑なら同じく硝酸イオンを中心に多く吸収する。これらの養分イオンを多く吸収すると、図12や図13のしくみでアミノ酸合成が活発化し、結果的にタンパク質含量が高まる。この時、アミノ酸合成のための原料は、根から吸収するアンモニウムイオンや硝酸イオンの他に、もう一つの原料が必要だったことを思い出してほしい。それが2-オキソグルタール酸である（図12参照）。アミノ酸合成を活発化させるには、この2-オキソグルタール酸を多量に供給しなければならない。2-オキソグルタール酸は、葉でつくられた光合成産物の炭水化物を、植物の呼吸作用で分解する過程でできる中間産物の有機酸である。それゆえ、この有機酸を多量に供給するには、呼吸作用を活発にして炭水化物の分解を多くしなければならない。その結果、植物体内に残る炭水化物量は必然的に少なくなる。

逆に、窒素が少ししか与えられない場合、植物のアミノ酸合成もわずかで、タンパク質含量は低い。アミノ酸合成に多く利用されないので、呼吸による炭水化物の分解中間産物も多くを必要としない。その結果、炭水化物が多く残されることから、相対的に炭水化物は高含量となる。これが、植物体内でタンパク質と炭水化物にトレードオフの関係をもたらす主なしくみである。

このトレードオフの関係は植物の生理的な現象であり、栽培方法とは直接的な関係がない。慣行農業でも、化学肥料の窒素量を少なくすると、窒素（タンパク質）含量が低下し、逆にデンプンなどの炭水化物含量が高まる。ただし、その場合は目的の作物の収量が低下することが多い。たとえば、有機農業でも慣行農業でも、コメの食味を良くするために、イネのタンパク質含量を必要以上に高めない窒素の肥培管理が求められている。これは、コメの食味を決めるデンプン含量を高めたいからである。しかし、低タンパク質を求めるあまり、与える窒素量が少なすぎると玄米収量が低下する。したがって、高デンプン質の良食味米を生産するのは、食味と収量のギリギリのバランスで、窒素の肥培管理をおこなう高い技術を必要としている。

以上述べたように、有機農産物が慣行農産物よりも、低タンパク質で高炭水化物（糖やデンプンなど）となる傾向を示すのは、与えられる窒素量が同じでも、作物の吸収可能な窒素量が有機農業で栽培するほうが少ないことによってもたらされた結果と理解できる。有機農業でも堆肥を必要以上に与えて窒素量を多くすると、高タンパク質で低炭水化物の農産物が生産される。

これと同じ理由は、慣行農産物に比べ有機農産物でビタミンC含量が高くなる傾向を示すことにも適用できる。ビタミンCは植物体内の炭水化物から合成される成分であるからだ。植物体内で炭水化物含量が高いと、ビタミンCの合成原料が増え、その結果として植物体内で合成されるビタミンCの含量が高まる。この現象は慣行農業でも同様で、化学肥料としての与える窒素量を少なくすると、作物のビタミンCが高含量となり、逆に与える窒素量が多いとビタミンCは低含量となることでよく知られた現象である[19]。

養分吸収からみると有機農業と慣行農業の区別はない

もともと、植物（作物を含む）の根は、土の中の水分（土壌溶液）に溶けて存在しているさまざまなイオンの中から、2章7節で述べたような巧みなしくみによって、自身の栄養に必要な養分のイオンを選択的に根の細胞膜内に取り込むことで養分を吸収している。そして同じく10節で述べたように、根の細胞膜内に養分イオンが取り込まれるとき、それが有機農業で使う堆肥のような有機質肥料に由来する養分イオンなのか、慣行農業で使う化学肥料に由来する養分イオンなのかを区別することはない。つまり、植物の根の立場からすると、養分イオンが有機質肥料由来なのか無機質の化学肥料由来なのかの区別がない。吸収された養分は、養分源に関係なく、植物体内で植物の生育に必要な物質につくり変えられていく。したがって、植物の栄養からみるかぎり、有機と慣行の農産物で品質にちがいが生じるのは、与えられた養分源が有機質であるか、無機質であるかが原因であるとは考えられない。それは養分源の問題というよりも、先に述べたように、与えられた吸収可能な養分量のちがいや、水や温度や光といった栽培環境、さらに後述する農薬の使用の有無といった条件のちがいが原因と考えるべきだろう。

与える養分に関して重要なことは、有機質肥料でも化学肥料でも、作物に必要な養分量を適切に与えることである。養分を過剰に与えたり乱用したりすれば、有機とか慣行とかの栽培方法とは関係なく品質が悪化するのは避けられない。

抗酸化物質含量が高いのはストレスに対する植物の自己防衛の結果

有機栽培では農薬を使用しない。一方、慣行栽培では農薬を使用する。農薬の使用目的は、作物の病気予防や病気になった時にはその病気を治すこと、さらに、害虫に食べられる被害を防ぐことにある。いいかえると、有機農業で栽培される作物は病気や害虫の被害を受けやすい状況におかれて栽培されていることになる。動物は、自身に不利益な環境があれば移動することでその環境から逃れることができる。しかし、植物は移動できないため、不良環境に対して独自の自衛策で対応している。

植物は光合成で得た炭水化物を呼吸で分解することによって、生育に必要なエネルギーをつくり出すとともに、酸化力が強く反応性が高いために毒性の強い酸素（活性酸素、（注7）参照）を生成する。

したがって、呼吸で生産される活性酸素の暴走をくい止めるための機能を持つ物質を体内で合成する。それが抗酸化物質である。フェノール化合物やフラボノイドは、その抗酸化物質の仲間である。この抗酸化物質は単に活性酸素の暴走をくい止めるためだけではなく、病害虫などの被害を抑えるための抗菌作用や殺菌作用を持っている。

有機農業で栽培される作物は、慣行農業で栽培される作物より、病害虫による被害だけでなく、栄養分として最も重要な窒素が自身の要求に対して十分に供給されないといった、さまざまなストレスにさらされやすい。有機農業で栽培された作物の抗酸化物質含量が、慣行農業で栽培された作物よりも高くなる傾向があるのは、このような窒素不足の条件や病害虫被害といったストレスに対する自己防衛反応の結果と考えることができる[20]。

ところが一方で、病害虫の被害程度が高いと農産物の抗酸化物質（フェノール化合物）が高くなるという因果関係には、明確な証拠がないという指摘もある[21]。すなわち、有機農産物の抗酸化物質含量が慣行農産物より高くなる主な要因は、有機農産物が慣行農産物より窒素やリンの供給不足の条件で栽培されることであるという。この指摘にしたがえば、有機栽培でも、たとえば堆肥を大量に与えて窒素供給量を高めると、作物の抗酸化物質含量は低下する。つまり、有機農産物の抗酸化物含量が、慣行農産物よりも例外なく高くなるとはいえないことになる。

4　有機農業が生物の多様性を豊かに保全するということの意味

農業は人の食料を生産している。世界人口が２０５０年には97億人に達すると予測される現在、農業による食料生産は、人の生命を守るうえでますます重要となる。農業は一定の土地面積に目的の作物を栽培し、単位面積当たりの生産量をあげようとする。つまり、目的とする特定の作物の生育に有益な環境をつくることに努力する。しかし、この努力は、一方で多様な生物を保全する（保護して安全を守ること）という立場からみると、むしろ逆行している。このため、農業は世界の生物多様性に対する最も深刻な脅威の一つとみなされている[22]。

生物多様性の保全に配慮する農業が有機農業

有機農業では、農薬の除草剤や殺菌剤、殺虫剤を使用しない。それが生物多様性の保全に大きく寄与している。有機農業の田んぼではクモ類の一部、トンボ類、水生昆虫類などの無脊椎動物の多様性を確実に保全できる[23]。また食物獲得のために広い面積を必要とする水鳥類は、有機農業の田んぼの面積割合の多い地域ほどその種数や個体数が多く、多様性が保全されている。植物についても、在来種や絶滅危惧種についての多様性は慣行農業の田んぼよりも優っている。ところが同じ調査結果によると、有機農業で栽培される田んぼのイネの収量（籾収量）は、慣行農業で栽培される田んぼに比べて30％の減収だった（注10）。これは慣行農業で農薬や化学肥料を使用することで、イネの生育を優先して保護した結果である。

したがって、生物多様性の保全からみると、無農薬の有機農業の水田は慣行農業の水田より優れている。これは、田んぼという環境で多様な生物、それはイネという栽培植物の他に、野生の動植物がともに生命をつないでいくために、どれか一つの生物（田んぼの場合はイネ）を優先するのではなく、田んぼに集まる動植物の皆が互いに生育できるように、ある程度我慢しあって暮らしていることを意味している。

一方、慣行農業の田んぼでは、栽培するイネの生育を優先的に考えるため、その生育を阻害する病害虫や雑草を抑制する対策をとる。その対策によって、イネの生育を旺盛にして、より多くの収量を達成しようとする。それゆえ収量の面からみると、慣行農業のほうが有機農業より優れている。有機農業の田んぼで生物の多様性を保全するということは、イネの収量を犠牲にして、田んぼに集まる生物の命を大切にすることを意味している。つまり、田んぼでの生物多様性の保全とイネの収量との関係は、多くの場合、トレードオフの関係になっている。

慣行栽培でも生物多様性と作物生産とはトレードオフの関係

慣行農業でも似たような例が牧草地で報告されている。イギリスのローザムステッド農試で１００年以上も利用されてきた永年牧草地を用いて、化学肥料で与える養分の種類や量（施肥量）、さらに酸性改良の有無などの処理をおこない、その処理を１６０年以上もなお継続している試験の報告である[24)25)]。

この試験では、処理によって牧草地に生育する牧草や野草の種類に大きなちがいができている。施肥量（とくに窒素やリン）を多くすると、肥料養分によく応答する種類の牧草が多数の草種の中から優占種となり、牧草収量が多くなる。ところが、施肥量を少なくすると、牧草地にはめだった優占草種はなくなり、多様な草種が生育して多様性が増す。しかし牧草収量は減少する。この例でも、牧草地という農地で目的とする牧草生産と草種の多様性はトレードオフの関係にある。

もともと、農地は人為的な土地である。生産しようとする作物を基本的には一つだけ選択し、その作物の生産を最大限にするように管理する場所である。その農地で多様な生物を保全するには、目的とする作物だけの生育を優先するのではなく、他の動植物の生息環境を認めることが必要になる。農地で生物の多様性を保全することには、その農地の目的作物の犠牲が暗黙の了解になっている。

有機農産物の付加価値を認めて正当な対価を支払う

農家は農地からの生産物を販売し、そこから収益を得て生活している。したがって、一般的には農地の収量が多いほど収益も多い。ところが農家が生物の多様性を保全することに意義を見いだし、有機農業を実践すると収量は低下する可能性が大きい。これでは収益低下に直結する。現在（2022年）のわが国では、その収益低下を支援する補助金が用意されている。それが環境保全型農業直接支払交付金制度である。有機農業をおこなうと、10ａ当たり1万2000円が交付され、有機農業に加えて環境保全効果をさらに高めるための取組み（注11）を実施するとさらに、10ａ当たり2000円が加算される。この制度は2015年から開始され、現在は2期目で2024年までの制度である。

問題は、この交付金で収量の低下分を補えるかどうかである。たとえば有機農業の田んぼ10ａ当たり1万2000円というのは、現在の慣行栽培の玄米取引価格からみると、およそ10ａ当たり60kg程度の金額にすぎない（注12）。慣行栽培の10ａ当たり平年収量は535kg（2021年産）であり、有機栽培によって30％程度の減収があるとすれば、その量は10ａ当たり160kgになる。したがって、この交付金は有機栽培による減収分の半分にも満たない額である。しかもこの直接支払が未来に続く制度である保証もない。この支払交付金だけでは、有機農業をおこなったことで想定される減益をまかなえない。したがって、有機農業の田んぼで収穫された玄米からできるコメは、消費者がそれにふさわしい高価格で購入しないかぎり、わが国の有機農業の水田農家は生活できなくなる。

有機農産物は、慣行農産物にはない付加価値がある。なによりも化学物質に過敏な人にはかけがえのない食料である。同時に有機農業が、環境や生物の多様性を保全するということも大きな付加価値の一つである。しかし、その環境や生物の多様性を保全するために、農薬を使用しないことでもたら

図23　有機農業での人手による除草作業

スリランカ・ヌワラエリアの有機栽培農場で，長ネギを栽培している

される課題がある。とくに忘れてはならないのは労働の問題、なかでも除草作業がある。ある程度の生産を上げるには除草が必要になる。その除草作業を人手でおこなうのは、まさに大変な労働である【図23】。この困難な労働から人を解放するために登場したのが除草剤である。しかし、有機農業ではその使用を排除している。労力をかけても、環境や生物多様性を保全しようということに意味を見つけているからである。

それだけではない。有機農産物は、慣行農産物のようにスーパーのトレイに収まりやすくするために、一定の形にきれいに揃っていることはあまりない。むしろ、形はバラバラであることが多い。しかも、殺虫剤や殺菌剤などを使っていないので、場合によっては虫食いや病気の跡があるかもしれない。買うことができる季節や時間が限定されることもある。つまり、慣行農産物とちがい、有機農産物はいつでもどこでもお金さえ出せば気軽に購入できるという農産物ではない。

したがって消費者はこうした有機農産物の特徴をきちんと認めたうえで、有機農産物が持つ付加価値や農家の労働などにふさわしい正当な価格（慣行栽培よりも高価格）を支払う必要がある。それは、有機栽培で生計をたてる農家を支援する意味でも重要である。環境や生物の多様性を保全しようといいながら、有機農産物に慣行農産物と同じような見栄えの良さと便利さを求め、同程度の価格で入手したいというのは消費者の身勝手だろう。

西尾[26]によると、世界の有機食品（飲料を含む）の販売額は、

2014年に800億USドル（2014年の平均為替レートで8兆4000億円）と試算されている。このうち北アメリカが48％、ヨーロッパが44％、両者で92％を占めている。そして、慣行栽培に対する有機栽培野菜の価格は、日本で1・3～1・8倍、アメリカで1・6～3・2倍も高い。これらのことは、有機食品を購入しているのは、所得水準の高い国の人たち、とりわけ富裕層が多いことを示している。

しかし、現状はそうであっても、有機食品が高価格でも購入されることを利用した新しい動きが始まっている。有機農業を組み込んだスリランカでの動きである。

5　有機農産物の付加価値を社会事業に発展させたNPOの事例から学ぶ

消費者が有機農産物の付加価値や、生産に取り組む農家の労働を高く評価し、それにふさわしい価格で購入するということができれば、農家も消費者もともに喜びを共有できる。こうした消費者の有機農産物に対する意識に着目して、スリランカで社会貢献する非営利組織（NPO）法人がある。

スリランカはインド洋に浮かぶ、およそ2177万人が暮らす島国である。そこのNPO法人アプカス（APCAS（注13））は、有機農産物の流通に参入し「Kenko 1st Organic」（健康第一オーガニック）というブランドを立ち上げ、生産者（売り手）、消費者（買い手）のそれぞれに喜ばれ、なおかつ、社会貢献として視覚障がい者の支援活動を実践している。まさに、近江商人が唱えた「売り手によし、買い手によし、世間によし」の「三方よし」を実現させた活動である。

貧困層小規模農家の支援活動

アプカスは2008年に法人格を取得。さまざまな活動を継続している過程で、スリランカの貧困を解消するには、貧困層のおよそ95％が暮らす農漁村の小規模な農家や漁業者の経営改善が必要であることに気づいた。そこでアプカスが働きかけたのは、スリランカの中央高原地帯キャンディ県で標高1000m程度の丘陵地帯に位置するバウラーナ村の小規模農家だった。

バウラーナでは、かつて茶のプランテーション農園（注14）が営まれていた。しかし、茶葉の生産性低下でプランテーション経営が撤退してしまった。このため、そこで働いていた現地の人たちは、畑作や茶園などの小規模農家として生活せざるを得なくなった。もともと、こうした小規模農家に家畜を導入する資金がない。このため堆肥の原料となる家畜のふん尿が入手できず、堆肥生産ができない。そのため、農作物の生産性を維持するには、化学肥料や農薬に頼らざるを得なかった。とくに化学肥料に対する政府の補助金制度は、化学肥料の利用促進を支えた。しかし、バウラーナの小規模農家に、公的機関が示す化学肥料の施肥標準や、農薬の防除基準などの技術情報が伝わっておらず、適正利用が守られないことが多かった。その結果、化学肥料の過剰使用による水質汚染が発生。また農薬の不適切な利用が、人の健康に悪影響を与える例もみられた。さらに追い打ちをかけるように、それら生産資材の高騰と、それに続く肥料への政府補助金の減額、農産物の需給バランスの崩れで、農産物価格の下落といった事情が加わり、農家の収入は大きく減少した。こうして小規模農家は化学肥料を買えないうえに、堆肥もつくれないという二重の困難に直面していた。

そのような状況下で、アプカスの現地責任者である石川直人氏や、アプカス日本事務所で石川さんを後方支援する伊藤俊介氏は、地域資源を生かして堆肥生産ができれば、化学肥料を利用しなくてもよくなるし、それに加えて農薬の使用もやめれば有機農産物の生産に転換できるだけでなく、農薬の不適切利用による人の健康被害もなくすことができるとの思いを強めた。有機農業に転換するために必要なのは、養分循環の要となる堆肥の生産を可能にする牛の導入にあると気づいた。

牛銀行方式の導入で堆肥生産が可能となる

そこでアプカスは、バウラーナの小規模農家の希望者それぞれに牛1頭を無償配布。その後の人工授精で生まれる牛は、新規の小規模農家へ配布するという「牛銀行方式」をこの村に導入した【図24】。この牛の導入で、待望の堆肥づくりができるようになった。牛のエサ（飼料）は、各農家の周りにある共有地で野草を刈り取ってくる。共有地の土にあった作物の養分は野草によって吸収され、その野草を食した牛のふん尿となって手元に戻ってくる。そのふん尿から堆肥を生産すると、それが小規模農園の肥料養分となった。さらに無農薬で作物栽培することによって有機農業の成立条件が整った。

図24　小規模農家に無償配布された牛と牛のふん尿を利用してつくった堆肥（スリランカ・バウラーナ村）

こうして小規模農家の貧困問題解消に明るい展望が開けた。しかし問題はまだ残っていた。それは、多種多様で量的にわずかな野菜を、どのようにして都市部の富裕層などの消費者へ届けるかだった。

有機野菜の仕入れ販売ブランドとしての Kenko 1st Organic（健康第一オーガニック）

スリランカの小規模農家は、生産した農産物を仲買業者に買い取ってもらうという弱い立場であった。わが国の農業協同組合のような組織がないからである。せっかくの有機野菜も仲買業者に低価格で買いたたかれる問題がでてきた。しかも、その買い取りは不定期で、生産した有機野菜が確実に買い取られる保証もなかった。

アプカスは、これにも有効な対策を打った。それは、自前で有機野菜の仕入れと販売をおこなう組織として「Kenko 1st Organic」なるブランドを設立したのだ。「Kenko 1st Organic」がバウラーナの小規模農家に対して、その生産物を基本的に通年固定価格で全量買い取りすることにした。買い取り価格は、一般に流通する慣行栽培の野菜のほぼ2倍とし、農家への支払いは、どんなに遅れても2週間以内におこなうことに徹した。アプカスが支援した農家は、生産した野菜の全量がこれまでより高価格で確実に販売できるので、安定した収入を得るようになった。これが貧困から抜け出す糸口となった。

一方、「Kenko 1st Organic」は買い取った有機野菜の販売店舗を、コロンボ市内中心部にオープンさせた。さらにネット販売もおこない、コロンボ近郊は自社配達、郊外には配達サービス業者と提携して顧客に届けている。もちろん、販売する有機野菜の公的有機認証を取得し、残留農薬の検査も随時おこなっている。

顧客の中心はコロンボ市内の富裕層や、食と健康、環境問題といったことに関心を持つ現地の人たち、とくに若い女性層、さらに日本人を含む外国人滞在者などである。これらの顧客層は、「Kenko 1st Organic」の有機野菜の販売価格が、慣行栽培の野菜の価格より高くても購入してくれる。有機栽培にそれだけの価値を見いだしているからだ。とはいえ、「Kenko 1st Organic」の有機野菜の価格は、スリランカの有機野菜販売シェアでトップブランドの価格より低く設定されている。このことも、顧客にとっては大きな魅力だろう。

図25
Kenko 1st Organicがガラハで開設した有機栽培農場
写真提供＝アプカス

有機野菜販売の拡大と自社生産活動

有機野菜の販売が軌道にのると、バウラーナの小規模農家の生産量だけでは需要に応えきれなくなった。そこで仕入れルートの新規拡大が必要となった。新たに加わったのは、コロンボに隣接する複数の地域の貧困小規模農家だった。その中には、現地の非政府組織（ＮＧＯ）と連携した女性グループの支援活動も含まれている。この活動に踏み切ったのは、ＩＦＯＡＭが有機農業の理念にかかげたジェンダーフリーの考え方に共感しているからである。また、法人経営で有機野菜を生産する5社からも有機野菜を仕入れるようになった。最終的には中央高地帯のガラハに、アプカスが自社生産する有機栽培農場を開設した【図25】。そこでは有機野菜だけでなく、有機栽培のエサを給与し家畜福祉に配慮した養鶏に取り組み、有機鶏卵の生産もおこなうようになった。このような仕入れ体制の強化で、有機野菜の安定供給が可能となった。

社会貢献としての視覚障がい者の支援活動

良質な有機野菜を他のブランドよりも安価で安定供給し、有機野菜を求める顧客の期待に応えることは社会貢献の一つであり、近江商人の「三方よし」の精神でもある。しかし、アプカスはこの「Kenko 1st Organic」の活動だけにとどまらなかった。「Kenko 1st Organic」の活動から得た収益を利用してさらなる社会貢献へと展開したのが、視覚障がい者の支援活動としての指圧マッサージサロン「トゥサーレ」（Thusare -Talking Hands-）の開設である。

スリランカでは障がい者への偏見が根強く、彼らの就業率は10％弱である。とくに視覚障がい者は、聴覚や肢体の障がい者の就業率と比べ、ほぼその半分ときわめて厳しい状況にある。スリランカ政府もこの状況を改善するために、国立障がい者職業訓練校で視覚障がい者を対象とするマッサージ師養成コースを設置した。しかし、修了した障がい者の就職受入先がないという現実に直面していた。

この状況を打破するためにアプカスは２０１２年、指圧マッサージサロン「トゥサーレ」をコロンボ市内中心部にオープンした。そこに、マッサージ師養成コースの修了者を受け入れたのだ。当初は視覚障がいマッサージ師として４名を雇用し、貧困層から抜け出て社会的・経済的に自立できるように支援活動を開始した。このアプカスによる障がい者支援活動に賛同する人は多く、さまざまな形でアプカスに支援が寄せられている。日本のマッサージ鍼灸技術専門家がボランティアで、「トゥサーレ」に雇用されている障がい者に、医療マッサージに関する知識や技術を積極的に指導助言しているのはその一例である。

新型コロナウイルス感染症の影響を超えて

２０１９年12月、中国武漢市で発生した新型コロナウイルスによる感染症は、またたく間に世界的大流行（パンデミック）となり、２０２３年１月現在でも終息にはいたっていない。アプカスが活動するスリランカも例外ではなく、２０２０年３月中旬に感染症第一波を迎えた。その直後からおよそ２カ月間、都市閉鎖（ロックダウン）が続いた。その後も、ロックダウンが繰り返された。

アプカスの事業のうち、トゥサーレの指圧は、人と人とが接触して施術する必要がある。ところがコロナ禍ではその施術が顧客から敬遠され、ついには休業に追い込まれてしまった。この時点で、トゥサーレが維持できるスタッフ数にも限界がある。このため、マッサージ師らは自宅待機や地元に戻って別の仕事を探すことを余儀なくされ、かつて経験したことのない大きな困難に直面している。

「Kenko 1st Organic」もコロナ禍の影響は避けられない。ただ、野菜など食料品を扱っていることから、当局から許可を得てロックダウン中でも業務を継続できた。このような状況下でも、「Kenko 1st Organic」はこれまでともに歩んできた小規模農家が生産した有機野菜の買い入れを継続した。この活動は農家にとって大きな支援となっただろう。その間のスタッフへの給与、家賃、光熱水費など、さまざまな支出はいつもどおりで、経営としてはきわめて厳しい局面を迎えている。コロナ禍が終息するまで、なんとしてもトゥサーレや「Kenko 1st Organic」の活動の火を消さないように、石川さんはじめ現地スタッフや日本で後方支援する伊藤さんらは大奮闘中である。

アプカスの活動は、徹底した利他主義、他者を喜ばせることの喜びが動機づけとなって支えられている。自分だけ良ければそれで良いという社会ではなく、皆で助けあい、すべての人々がともに歩める社会を実現することを目指している。そして、有機栽培野菜に価値を認める消費者の協力を得て、その収益を単に利己的な営利目的にせず、社会貢献に役立てている。有機農業という農業形態が果たす役割に、アプカスの活動のような役割が新しく加えられるにちがいない。

注1　有機農産物生産に関する基準のうち、主要なものは以下のとおり。すなわち、「化学的に合成された肥料及び農薬の使用を避けることを基本として、土壌の性質に由来する農地の生産力を発揮させるとともに、農業生産に由来する環境への負荷をできる限り低減した栽培管理方法を採用したほ場において」生産されること、その生産には「周辺から使用禁止資材が飛来し、又は流入しないように必要な措置を講じていること」「多年生ではない農産物にあっては、は種又は植え付け前2年以上化学肥料や化学合成農薬が使用されていないこと」「組換えＤＮＡ技術の利用や放射線照射を

行わないこと」などが記載されている。詳細は、本章の引用文献5)を参照のこと。有機農産物だけでなく、有機畜産物、有機飼料、有機加工食品についても、日本農林規格がそれぞれ定められている。

注2　緑肥とは田や畑で栽培した植物を、そのまま土にすき込んで肥料として利用すること。肥料だけでなく、有機物としての補給の意味もある。

注3　被覆作物とは、畑の土が風や雨で侵食されるのを防ぐため、あるいは雑草の抑制や景観の保全などを目的に、畑の土が露出する時期に地表面を覆うために栽培する植物のこと。

注4　地球温暖化の科学的問題から、温暖化防止のために各国政府がすすめるべき対応戦略まで総合的に検討するため、国連の世界気象機関（WMO）と国連環境計画（UNEP）の共同で1988年に設置された組織。2007年にノーベル平和賞を受賞した。

注5　慣行農業に対して有機農業の作物収量が低下することに影響を与える要因として、スファートらは土の酸性度（pH）や、農業生産工程管理（GAP）の実施の有無、かんがいの有無といったことを指摘している。なおGAPとは、農産物（食品）の安全を確保し、より良い農業経営を実現するために、農業生産において、食品安全だけでなく、環境保全、労働安全等の持続可能性を確保するための生産工程管理の取り組みをいう。

注6　科学的な根拠に基づいて、人々が購入する食品の安全性の確保や、食事によって健康の増進を目指すための助言を出す各省庁から独立した政府組織。

注7　フェノール化合物とは、植物が生きていくうえで有利に働いてきた物質。たとえば、活性酸素の除去（抗酸化作用）、紫外線の吸収による無害化、動物に有毒、などという性質を持つ物質の総称。なお、活性酸素とは、酸素が呼吸をとおして水（H_2O）になっていく過程でつくられる、酸素よりも反応性の高い化合物に変化した物質（過酸化水素など、4種類）の総称である。活性酸素は反応性が高い性質のために毒性が強い。たとえば、植物細胞の原形質膜が活性酸素によって酸素過剰の状態（過酸化）におかれると、原形質膜が被害を受け、細胞内容物を細胞の外に漏らしてしまって、急激な乾燥状態を引き起こし、細胞を死に至らしめるのは、毒性の一例である。したがって、活性酸素の除去能力は、生命をつなぐためにきわめて重要な性質である。

注8　フラボノイドとは、ポリフェノールの一種で、天然に存在する植物色素の総称。人の特定の生理機能に働く機能性成分であり、フェノール化合物と同様に、活性酸素から身を守る抗酸化作用や、害虫から守るために抗菌作用や殺菌作用などの自己防衛機能を持つ。苦味成分もある。

注9　滴定酸度とは、食品に含まれるクエン酸、リンゴ酸などの有機酸の量を簡易に推定するために、これらの酸を中和するのに要したアルカリの量で表示した値。値が大きいほど酸類が多い。

注10　調査結果は、慣行栽培の収量（脱穀したままの収量＝籾収量）が、有機栽培に対して43％増収したとあった。そこか

ら逆算すると、慣行栽培に対して有機栽培の減収は30％になる。

注11　この取組みとは、具体的には土壌診断を実施するとともに、堆肥の施用、カバークロック（被覆作物）、リビングマルチ（目的の作物の間に、雑草制御のために植物を栽培すること）、草生栽培（果樹園でその下草として牧草などを作付けすること）などを実施することである。

注12　農水省の「令和3年産米の相対取引価格・数量について（令和4年2月）」によると、2021年産米の全銘柄平均価格（速報値）は玄米60kg当たり1万2853円であった。

注13　ＡＰＣＡＳは、法人の英語表記「Action for Peace, Capability and Sustainability」の頭文字による。アプカスはアイヌ語で「歩く」を意味する言葉でもあり、すべての人がともに歩むことのできる社会の実現を目指して活動している。公式ホームページは、https://apcas.org/

注14　欧米諸国の植民地となった国で、現地の人々には必需品ではない作物（茶、コーヒー、ココア、サトウキビ、パイナップル、ゴム、綿花など）を、植民地支配する本国に輸出して利益を得ることを目的に大規模開発された農園のこと。そこで働く現地の人々は、低賃金で過酷な労働をしいられた。

5章　有機農業と慣行農業

―それぞれの養分源の弱点

1　有機農業の養分源・堆肥の弱点

有機農業であれ慣行農業であれ、農地で作物を栽培して収穫すれば、農地の土にあった養分が作物とともに持ち出される。この持ち出された養分を補給しないと、土の肥沃度は低下する。作物栽培によって収奪される養分の補給には、有機農業では堆肥などの有機質肥料が、慣行農業では化学肥料などが用いられる。確実な養分補給には、これらの養分源の確保が大前提となる。しかし、その養分源を確保することにはそれぞれに弱点があり、それが養分補給の持続可能性に関わっている。この章では、養分源の確保にどのような弱点があるのかを探ってみる。

作物の養分を含む鉱石が発見され、化学肥料として養分を農場に持ち込めるようになるまで、作物の養分は土の中だけにしかなく、人はそれを取り出すことができなかった。その土の中にある作物の養分を回収し、回収した養分を別の場所に移転するために考え出された資材、それが堆肥だった。

作物の養分移転資材として登場した堆肥

土の中の養分の回収方法には二つあった。一つは農地の外で育つ植物（野草や雑草など）を刈り取って利用したり、落葉や落枝、さらに山林の下草などを収集したりして、それらを堆積、分解させて堆肥化する方法である。勤勉な労働によって堆肥原料を収集するこの方法では、堆肥を大量に生産するのが難しかった。しかし、わが国の堆肥生産はこの方法が主流となった。そうなったのは、以下で述べるように、農業の中心が田んぼでのイネつくりだったことと深い関係があるように思う。

イネを栽培するために、田んぼは水で覆われて湛水（たんすい）状態となる。このとき、用水に溶け込んでいた窒素やカリウムなどの養分は、用水とともに田んぼへ自然に供給される。同時に湛水条件が出来上がると、田んぼの土の中でリンや鉄が有効化してくる（3章3節参照）。田んぼというシステムは、このような自然からの養分供給が多い。そのため、田んぼでイネを栽培しても土の肥沃度は大きく低下しない。したがって養分源の確保は、共有地（入会地）の落葉、落枝、下草や、田んぼの畔草（あぜくさ）、さらにイナワラなどを利用して、堆肥をつくることで十分だった。家畜は役畜としての利用が中心で、多くの家畜を飼う必要がなかった。

土の中の養分回収のもう一つは、家畜を積極的に利用する方法である。まず家畜のエサとなる飼料作物を栽培して土の中にある養分を吸収させ、次にそのエサを家畜に与えて、その家畜のふん尿という形態で養分を回収する。そして、最終的にそのふん尿を原料に堆肥を生産し、それを人の食料生産の畑へ移転させる。こうして養分循環を成立させて土の肥沃度の低下を防いでいる。この場合、家畜に供給できるエサの量が、その農場で飼うことのできる家畜の頭数を決める。その頭数によってふん尿の生産量が決まり、堆肥の生産量も決まってくる。ヨーロッパの畑作農家は、この家畜を利用する方法のほうが、農地の外から資材を収集するよりも大幅に省力化できることに気づいた。

こうした方法で4年輪作として確立されたのが、ノーフォーク農法であった【図26】（3章3節参照）。堆肥は、経営内での養分循環の要となって農地の土の作物生産力を維持するために利用された。

家畜を利用する堆肥づくりには土地が必要

イギリス・ノーフォークの対岸、ヨーロッパ本土のフランドル地方（現在のオランダ南部からベルギー西部、フランス北部地域）には「飼料なければ家畜なし、家畜なければ肥料なし、肥料なければ収穫なし」との格言がある。ヨーロッパの輪作で、作物生産を維持するための養分移転資材（肥料）

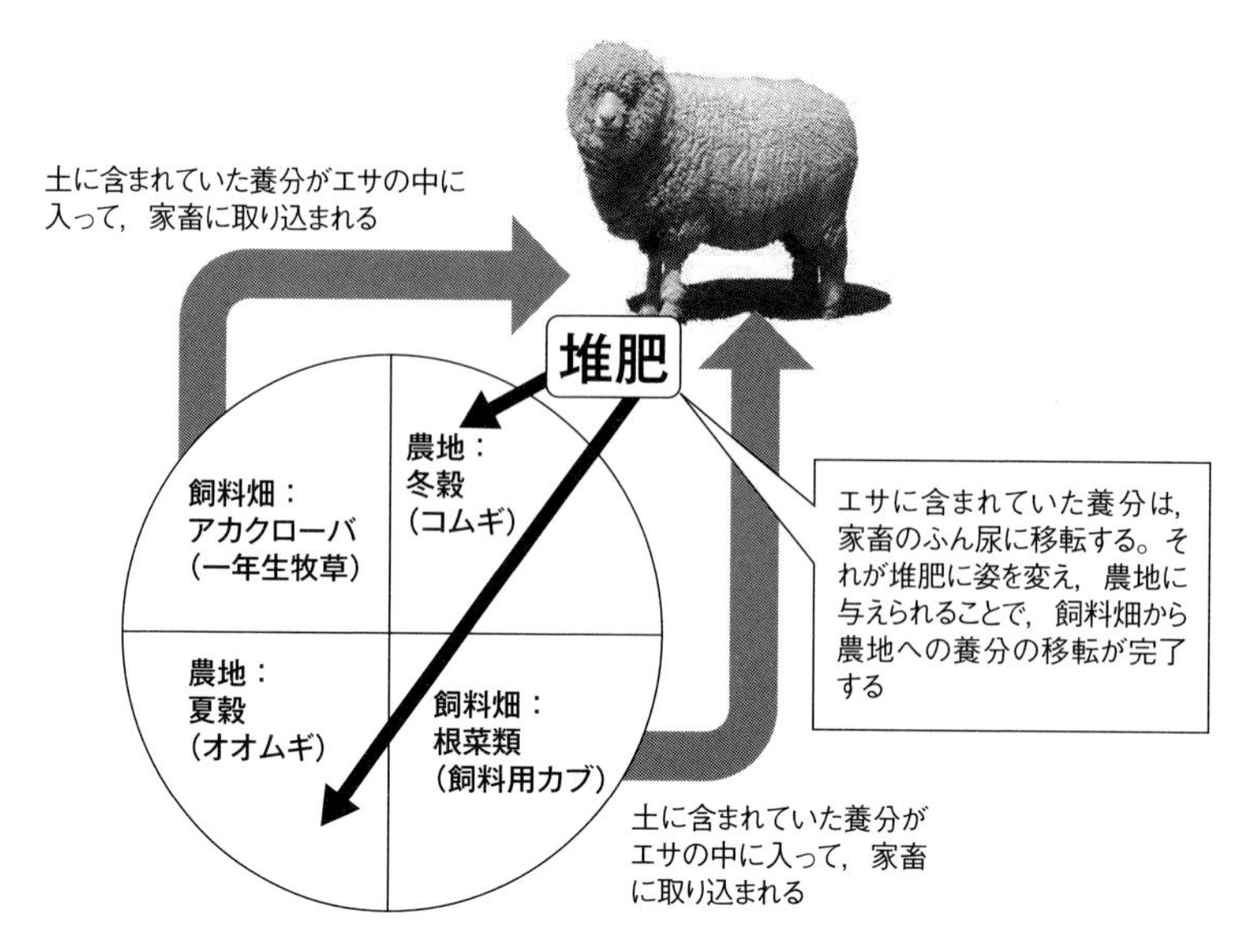

図26　ノーフォーク農法の養分循環のしくみ

農地の半分は家畜のエサとなる飼料作物を生産する。農地の作付け順序は、時計回りで毎年移行する４年輪作が基本である

として堆肥が大きな役割を果たしていることを、この格言は雄弁に語っている。

しかし、この格言にはもう一つ重要な指摘がある。それは肥料となる堆肥を得るには、家畜のエサとなる飼料が必要であることだ。フランドルの格言が指摘するように、人の食料ではなく家畜のエサとなる作物（飼料作物）を生産しなければ、養分源としての堆肥が生産できない。だからこそノーフォーク農法では、農場内の土地面積の半分を飼料作物生産に割り当て、飼料用カブとアカクローバを輪作に加えている。これによって飼うことができる家畜頭数が増え、同時に生産されるふん尿量も大きく増えた。こうして養分源としての堆肥の増産が可能となった。堆肥の増産は農地への投入量の増加を可能とし、与える養分量も多くなった。その結果、コムギ収量のほぼ倍増を実現させた。しかし、それを支えるために、農地の半分を養分源生産用地、すなわち家畜のエサ用の飼料作物栽培に割り当てる必要があった。これはノーフォーク農法にとって、土地利用という面で大きな課題だった。

農業不況が代替養分を要求した

この農法はその画期的収量から広く普及した。そして19世紀、イギリスの農業はノーフォーク農法の絶頂期に黄金時代を迎えた。しかし、この黄金時代は長続きしなかった。それまで穀物の輸入に規制をかけていた穀物法が撤廃され、アメリカやカナダから安価なコムギが大量に輸入されるようになったからである。これによってイギリスのコムギ栽培は大打撃を受け、農業不況におちいった。この不況は１８７５年ころから始まり、第一次世界大戦中に一時中断したものの、およそ60年間も続いた[1)]。

農業不況はノーフォーク地方でも深刻だった。ノーフォーク農法では、堆肥生産のための飼料用に割り当てられている農地から、直接的な収益は発生しない。そこで、飼料生産をやめて人の食料となる作物を栽培して収益増を目指し、不況を脱出したいという要求が高まった。ただし、飼料生産をやめると家畜を飼えなくなり、それは同時に堆肥生産ができなくなって養分補給が不可能となる。それは作物生産の減収を意味する。したがって、問題は堆肥の代用になる養分源をどうするかだった。そこで注目されたのが、当時販売されはじめていた化学肥料だった。

当然のことながら、当時の農家は化学肥料の使用経験がなかった。そのため、化学肥料を堆肥の代用として本当に利用できるのかという不安があった。この不安を解消するには科学的裏づけが必要だった。そこで、ノーフォークの農家は、自分たちで出資してノーフォーク農業試験場（Morley Research Centre を経て、現 The Morley Agricultural Foundation）を１９０８年に設立。堆肥の代替となる養分源を探し求める試験がおこなわれた。

ノーフォーク農業試験場のその試験は、12年間もの長期にわたる輪作試験だった。その結果は、作物の収穫残渣（ムギワラやテンサイ地上部（注１））を土にすき込み、それに化学肥料を併用すれば、堆肥を与えなくてもオオムギやコムギの収量を堆肥だけ与えた場合とほぼ同じに維持できるとの結論だった。[2] この結論に基づき、化学肥料の併用を条件に、飼料用カブのかわりに同じ根菜類のテンサイを、アカクローバのかわりにバレイショの栽培が推奨されるようになった。[1] こうして化学肥料への不安が少しずつ解消され、ノーフォーク農法の養分源が堆肥から化学肥料へ徐々に移行し、世の中に化学肥料が受け入れられていった。これは、養分源を堆肥に求めていたノーフォーク農法が、堆肥をあきらめ、化学肥料を導入する慣行農業へ移行していったことを意味している。

ノーフォーク農法から学ぶ堆肥づくりの課題

ノーフォーク農法が慣行農業に変化していった最大の原因は、養分循環の要である家畜のために、そのエサとなる飼料を生産する土地が必要だったことである。しかも、作物の収量が多くなると、その畑から持ち出される養分量も多くなる。そうなると、その補給のために養分源として多量の堆肥が必要になる。堆肥の増産には家畜の頭数の増加や、増加した家畜の飼料生産用の農地もさらに必要となってくる。有機農業で最も重要な養分源である堆肥は、どこかで生産されるものではなく、自給しなければならない資材なのである。

つまり、養分循環型の有機農業で養分源として堆肥を生産するには、家畜のエサとなる飼料の生産に一定の農地が必要になることを忘れてはならない。[3] まさに、フランドルの格言が指摘するように、「飼料なければ家畜なし、家畜なければ肥料なし」なのである。実際にEU主要国では、有機農業の農場の農地面積は、慣行農業のそれと同等以上と広く、[4] とくにイギリスでは慣行の約2倍もの広さである。

それだけではない。堆肥づくりには労力を必要とする。ふん尿を生産する家畜の世話の他に、堆肥場に堆積されたふん尿と敷ワラなどの混合物を、時折切り返しと称して、ひっくり返したり混合したりして、空気との接触機会を増やし、微生物の働きやすい条件にすることが必要になる。こうして管理された堆肥は分解が促進され、水分が減少して取り扱いやすい完熟堆肥へと変化していく。このような一連の作業も堆肥づくりには欠かせない。家畜のふん尿と敷ワラをただ堆積しておくだけで、使い勝手の良い堆肥が生産されるのではない。有機農業に取り組む農家が、その面積を縮小する最大の理由は労力がかかることだという。[5] 除草や堆肥づくりなど、労働負担が大きいのだ。

堆肥づくりの弱点を考慮しない「みどりの食料システム戦略」

農林水産省は２０２１年5月、有機農業を積極的に推進する新しい方針を立ち上げた。それが「みどりの食料システム戦略」である。この戦略は、技術革新によって農業による環境への悪影響の軽減と生産力向上の両立を目指すために、２０５０年までに達成すべき14の具体的な目標を設定している。このうち環境保全対策として、①農薬の使用量（リスク換算）の50％低減、②化学肥料の使用量の30％削減、③有機農業を全耕地面積の25％となる１００万haにまで拡大の3項目の達成を目指すという。[6]

農林水産省の意図は理解できても、設定されている目標が、現状からあまりにもかけ離れすぎているように感じる。たとえば、有機農業の面積の目標達成には、これから２０５０年まで毎年、現在の有機農業面積2万４０００ha[7]（注2）よりも多い、3万ha以上のハイペースで増やさなければならない。高齢化が進むわが国の農家で（注3）、労力のかかる有機農業を誰が実行するのだろう。しかも、それだけの面積に必要な堆肥などの有機質肥料を生産するには、それに近い面積で堆肥原料を生産する土地が必要となる。この堆肥づくりの弱点が無視されている。養分循環を大切にする有機農業では、どこかから堆肥を購入し、それを利用するということはあり得ないのだ。

さらに、この戦略では肥料も農薬も減らすことになる。現在の慣行農業で化学肥料や農薬が無駄に過剰に与えられているのであれば、それを削減するのは当然である。しかし、その無駄で過剰な量が、化学肥料で現在使用量の30％、農薬ではリスク換算で50％もあるという事実はどこにあるのだろうか。こんな無理筋の戦略が想定どおり達成できるのか、はなはだ疑問である。

2 慣行農業の養分源・化学肥料の弱点

化学肥料が商品として世に出たのは1843年7月1日土曜日、今から180年前である。わが国は明治維新、ペリー来航の10年前のことである。その日、ロンドン・テムズ河畔デトフォードの工場で、過リン酸石灰・リン酸アンモニウム・ケイ酸カリウムからなる肥料が販売された。販売したのは、自らの生地であるハーペンデン（ロンドンから北西方向に40㎞ほど）にローザムステッド農業試験場を創設したローズである【図27】。化学肥料を世界で初めて市販したローズは、販売に対する責任として、化学肥料が堆肥と同等の効果を持つかどうかを確認する必要があった。彼が私費で世界初の農業試験場を創設したのは、その肥効を自身で確認したかったからだった。

化学肥料の登場と不安

人が農業を開始してからおよそ1万年。その間、作物への養分源はずっと堆肥を含めた有機質肥料であった。その有機質肥料は土の中で微生物によって分解され、無機物のイオンとなって土の中の水に溶けて存在し、作物に吸収されて作物の栄養分になっていく。そのしくみは科学的に解明されている（2章7～9節参照）。しかし、確かに理屈はそうであっても、見かけ上は、堆肥などの有機質肥

図27　化学肥料販売の創始者、ローズ
(Sir John Bennet Lawes, 1814-1900)
(Copyright Rothamsted Research Ltd and courtesy of Paul Poulton)

料を与えることで、作物生産が維持されてきたことに変わりない。堆肥には、1万年におよぶ長い農業の歴史の中で使われてきた実績がある。その事実を経験的に受け入れている私たちの心情に、有機質肥料に対する安心感が深く刻まれているのはまちがいない。

一方の化学肥料は、商品としてこの世に登場して、わずかに180年。有機質肥料とは比較にならない新参者である。その新参者の発見は、これまでのように家畜のエサ（飼料作物）を経営内の貴重な農地で生産しなくても、別の場所から肥料となる物質（肥料養分を含む鉱物）を持ち込むことで、作物に養分を供給できる道を切り拓いた。シュプレンゲルとリービヒが植物の無機栄養説を主張していた1830〜40年のまさにそのころ、偶然にも、ヨーロッパにその肥料となる物質が前後して登場してきた。それが、チリ硝石、グアノ、カリ鉱石、リン鉱石の4つの鉱物だった。

つまり、化学肥料の原料は、もとをただすと、このような自然界に存在する肥料養分を含んだ鉱物である。名前に「化学」とついていることから（注4）、化学肥料は化学的に人工的に合成された、自然界には存在しない物質を原料としているかのように思われがちである。しかし、それはちがう。複数の養分を含む化学肥料は複数の物質を原料にして、たとえば、リン鉱石の硫酸処理というような化学的な加工や混合をした後、取り扱いやすくするために粒状に成形して製造されている。したがって化学肥料はもちろん毒物ではなく、まさに自然界の物質を原料とした作物の栄養分以外の何者でもない。

19世紀、化学肥料が世に出たころ、堆肥などの有機質肥料しか使用経験のない当時の人たちには、その鉱物が作物の養分になるといわれても、これで本当に堆肥と同じ効果があるのかと不安になるのは当然のことだった。ローズももちろんその一人であった。

図28　ギルバート（Sir Joseph Henry Gilbert, 1817-1901）
（Copyright Rothamsted Research Ltd and courtesy of Paul Poulton）

化学肥料だけで180年間、コムギは正常に生育している

ローズは、リービヒのもとで化学を学んだギルバート（1817～1901）【図28】をローザムステッドに招いた。そして、彼の協力を得ながら、化学肥料を販売した1843年の秋、コムギ（秋播きコムギ）の種を播いて栽培試験を開始した。これまでどおり養分源として堆肥だけ1ha当たり35t与える処理を対照区にした。そして、養分源として化学肥料だけを用い、その肥料的効果を対照の堆肥区と比較しようとした。この試験は現在もなお実施されており、180年間継続されている。この試験地の化学肥料区は、化学肥料が世に出たときからずっと化学肥料だけしか使われていない。それゆえ、この試験地以上に長い期間、化学肥料を継続して使用した土地は地球上に存在しない。

その試験結果は、ローズとギルバートを安心させるものだった。いくつかある化学肥料の処理区のうち、窒素が1ha当たり144kg与えられている処理区のコムギの子実収量は、堆肥だけの対照区の収量とほぼ同等だった【図29】。化学肥料だけで栽培されたこの処理区のコムギは、堆肥だけの対照区のコムギと変わらない生育を180年間、継続している。化学肥料をやり続ければ、作物が育たなくなるというような現象はまったくない。

試験は開始からずっとコムギを連作栽培した。しかし、連作障害が発生してきたので、1926年から4年間連作した後、1年休閑することを繰り返す栽培法に変更した。さらに1968年には、輪

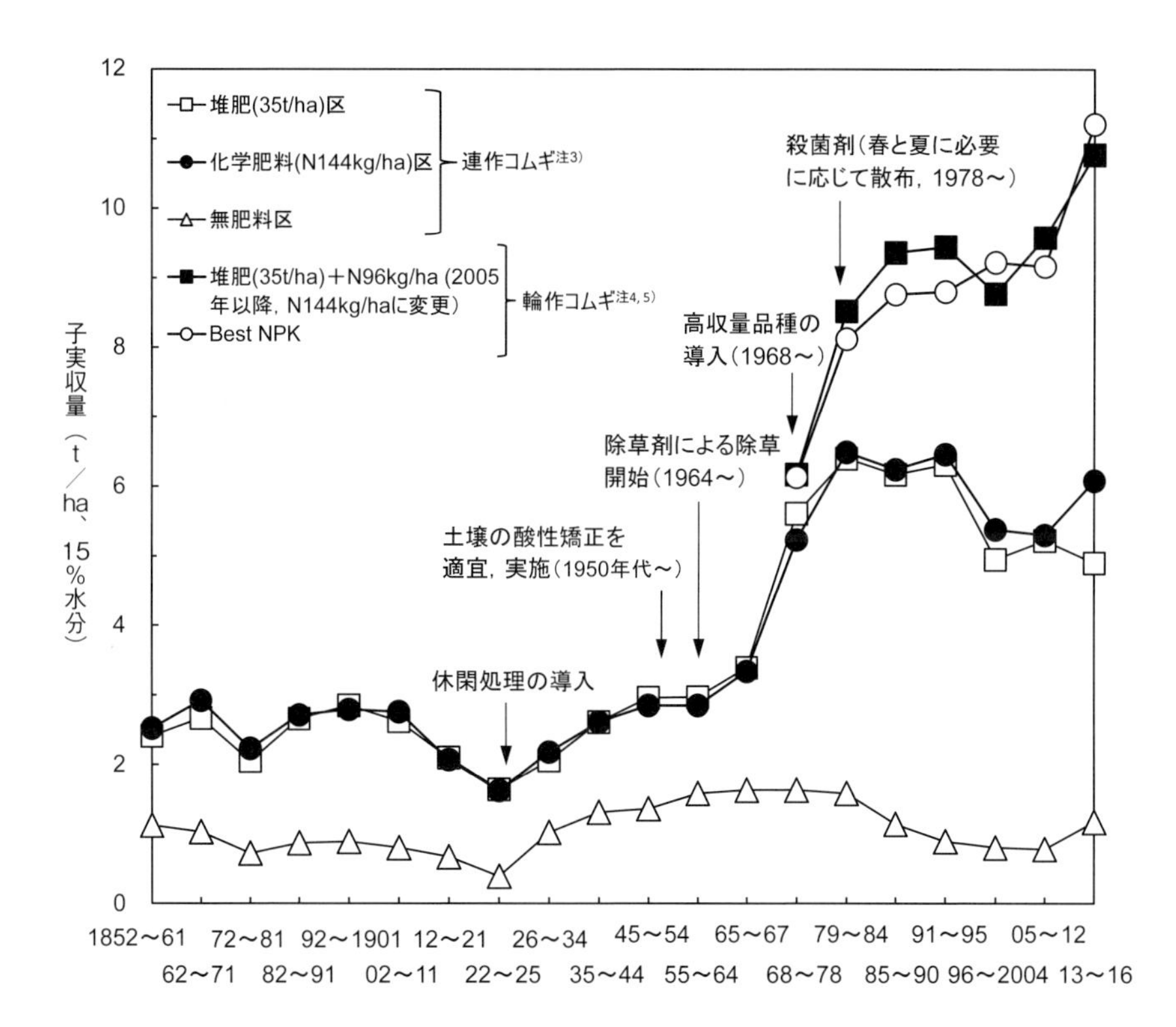

図29 堆肥だけ，あるいは化学肥料だけで育てたコムギの収量の変化

(Rothamsted Research（2017）のデータから作図)

注1) 子実収量のデータ：1967年までの収量は原則として各10年間の平均値，1968年以降は同一品種の栽培期間での平均値。1968年以降の急激な増収は，高収量品種が導入されたため。データは https://www.era.rothamsted.ac.uk/dataset/rbk1/01-OAWWYields から入手できる

注2) 試験の処理は図示しただけでなく，窒素（N）の施肥量を変えた処理などがある

注3) 連作コムギ：試験開始から1925年までコムギは連作で栽培。連作障害が現れてきたため，休閑処理（何も栽培しない）を1926年に導入し，原則として1年休閑4年連作で栽培

注4) 輪作コムギ：1968年以降に導入された輪作体系は，エンバクートウモロコシーコムギーコムギーコムギの5年輪作。輪作コムギの収量データは，トウモロコシの次の最初の作付けコムギの子実収量を各期間で平均した値

注5) Best NPK：輪作コムギに対するN施肥量を変えた化学肥料区のうちで，最も多収だった処理区の収量を各期間で平均した値

図30　1843年から堆肥だけ，あるいは化学肥料だけでコムギを栽培し続けている　ローザムステッド農試・ブロードボーク圃場（撮影：2005年6月22日）

(a) 点線の左側が堆肥（35t/ha）だけ与え続けてきた処理区。点線の右側は，1968年以降，堆肥に化学肥料の窒素を上積みして与えた処理区

(b) 堆肥だけの処理区とほぼ同等の収量を維持している化学肥料だけの処理区（化学肥料の窒素施肥量は144kg/ha）

作処理を栽培条件に加え、堆肥だけの処理区を分割し、堆肥の上にさらに化学肥料の窒素を追加する処理を実施するようになった。その結果、輪作コムギでは収量が1ha当たり10t近くで、わが国の平均収量のほぼ2倍になっている【図29】。もちろん、それには新しく開発された高収量品種が試験に用いられたことや（注5）、必要に応じて農薬で病害の防除がおこなわれたことなども大きな要因である。もともとの連作コムギのほうも、高収量品種に切り替えた1968年以降、与えられる養分量はそれまでと変化がないにも関わらず、収量はそれ以前のおよそ2倍に跳ね上がっている【図29】。

化学肥料を使い続けると土の中の生き物が死に絶えてしまって、「土が死ぬ」と考える人もいる[8]。これについても、この試験地で土の生き物が調査され、そのような事実がないというデータが公表されている[9]。仮にそのようなデータがなくても、化学肥料だけ与えられて育ったコムギが、堆肥だけで育てられたコムギとほぼ同等の生育を示し【図30】、同等の生産を180年間も示し続けていることからみて、化学肥料を与えることで「土が死ぬ」というようなことがないのは明らかである。化学肥料が、作物生育や土の中の生き物に悪影響を与えるのではないかという心配は、化学肥料が適切に与えられる限り、と

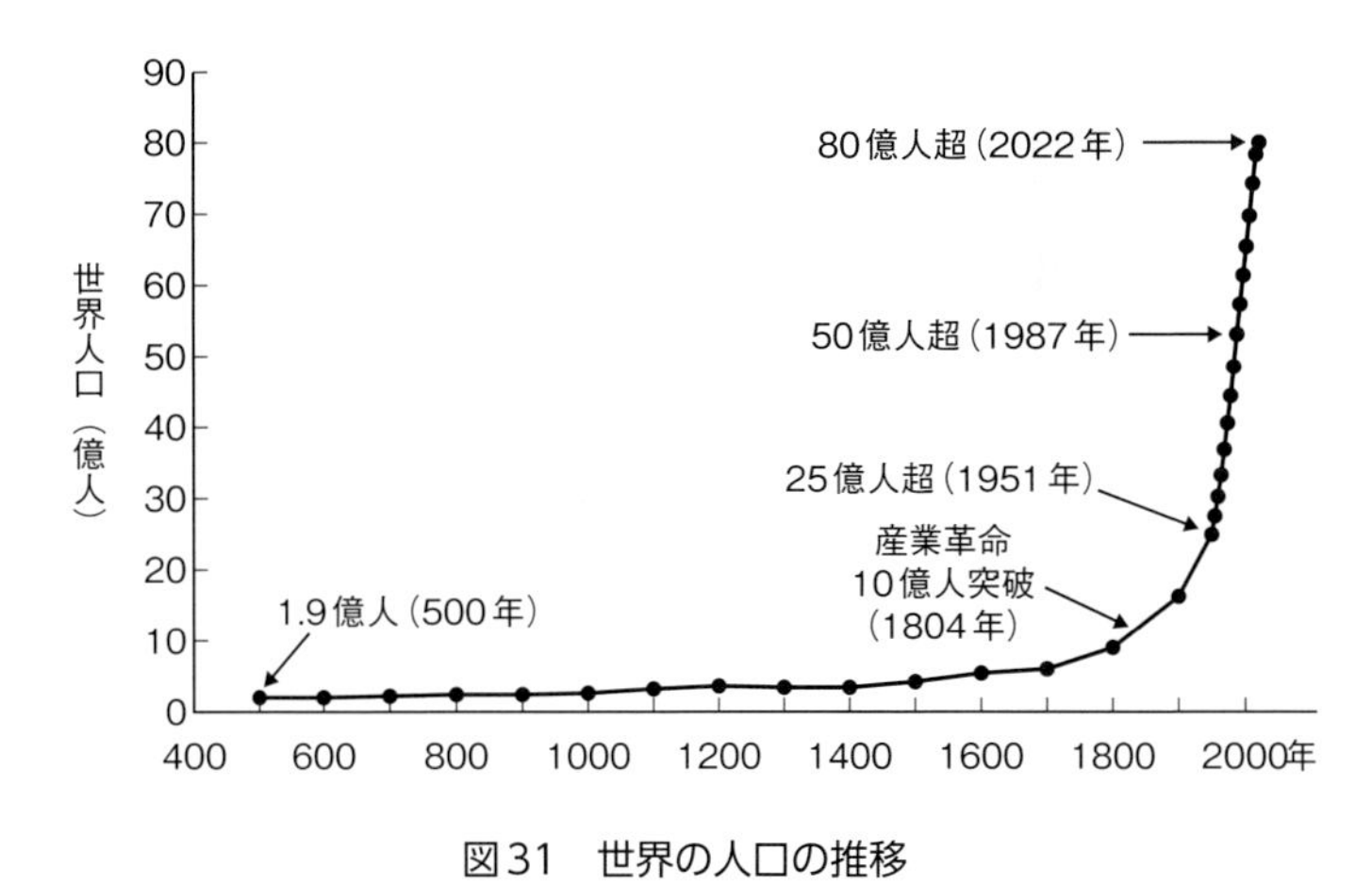

図31　世界の人口の推移

500〜1900年までは荏開津（1994），1950〜2020年まではFAO（2022），2022年データは国連速報値（2022）から作図。1804年に10億人突破は，国連人口基金の世界人口白書（2011）による

りこし苦労にすぎない。

人口爆発を支えた食料増産と化学肥料の貢献

地球上の人口が10億人を突破したのは、産業革命の時代の1804年である[10)]【図31】。人類の祖先が地球上に現れ、直立歩行という画期的行動様式をとったアウストラロピテクスがアフリカに登場したのが、およそ400万年前。気の遠くなる時間を経て、産業革命の時代に10億人を突破した。ところが、20億人を突破したのは1927年。この間123年しかない。その後も人口の増加はとどまることなく、1987年には50億人を超え、2022年には80億人を超えたと推定されている[11)]。

産業革命後の200年間でおよそ8倍、第二次世界大戦後の1950年からの70年間だけでも人口は3倍に増えた。この人口の増加はまさに「爆発」というにふさわしい。国連の人口統計は2050年の人口を97億人、2100年には110億人と推定している[12)]。

この人口の増加を支えた要因の一つが、20世紀の驚異的な食料増産だった。20世紀のはじめ、1900年の穀物生産量はおよそ4億t、それが世紀末に近づいた1999年にはおよそ21億t、5倍以上の増産だった。人類の歴史上、これほどの食料増産をなしとげた世紀はない。農地の拡大だけでなく、単位面積当たりの生産量（収量）を増やすための品種改良と、化学肥料、農薬、機械などを駆使した技術開発が食料増産を可能にさせた。それが「緑の革命」である。１９４０年代から60年代にかけての出来事だった。

ＦＡＯ（国連食糧農業機関）の資料によると、緑の革命以降、１９６１年から21世紀に入った２０２０年までの60年間で、主食になる穀物の生産面積は、６億５０００万haから7億４０００万haの範囲内にとどまり、増加はわずかであった。ところが穀物の生産量は、１９６１年の８億８０００万ｔから２０１９年の29億６０００万ｔと、およそ3倍まで増加傾向が継続している。生産面積が停滞する一方で生産量の増加傾向が続いたのは、収量が1ha当たり1・4ｔから4・1ｔまで3倍に増加したからである。それを可能にしたのは、この間の世界の肥料使用量（窒素とリン、カリウムの合計使用量）が、３１００万ｔから1億９０００万ｔまで6倍以上に達するほど多くなったことと、それでもなお倒れることのない高収量品種を開発した品種改良の成果があってのことである。

現在の地球上に残された土地は、作物栽培には不適な場所が多い。栽培適地はすでに農地となっているからだ。このため、農地の拡大を望むことはかなり難しい。つまり、面積の拡大で生産量を増やすことは難しい。したがって、食料の増産は単位面積当たりの生産量、すなわち収量を増やすことで達成する必要がある。化学肥料はこのことに大きく貢献してきた。

緑の革命—その功罪

緑の革命が示した農法は、高収量品種の導入、適切な病害虫防除管理、水と肥料の十分な供給という三つの要件を満たす集約的な技術だった。この技術によって主食となる穀物（コムギ、イネ、トウモロコシなど）の大量増産を実現させた（注６）。この緑の革命によって、メキシコ、フィリピン、インドなどは、コムギやイネの輸入国から輸出国になっていった。こうして緑の革命は、熱帯で宿命とされていた穀物の低収性が技術的に解決できることを証明してみせた。

緑の革命が成功した当時は、これによって人類から飢えを完全になくすことができると期待された。イネの高収量品種の一つＩＲ－８は「奇跡のコメ＝ミラクルライス」などと高い評価を受けた。しかし、人々に飢えを発生させる要因は、単に技術的な食料増産の問題だけではなかった。政治的、経済的な要因が複雑に関わっている。そのために、緑の革命の「副作用」もまた、大きかった。

緑の革命のような集約的な技術を導入するには、肥料や農薬の購入、さらには田んぼへの水供給のためのかんがい施設整備などに資本を必要とする。つまり、途上国でこの技術を導入できるのは地主階級の富裕層に限られた。富裕層はこの技術を導入することで大きな利益を手にした。その結果は、この技術の恩恵にあずかれなかった貧困小規模農家との経済格差の拡大だった。このため、「緑の革命は貧しい人々に悲惨以外のなにものをもたらさなかった[13]」とか、「緑の革命の科学と技術は、貧しい地域や貧しい人々、そして伝統的に培われた持続可能な技術を排除した」との厳しい批判[14]がある。緑の革命の副作用が残した大きな教訓は、飢餓からの解放を目指す技術開発は、その技術を適用する地域にふさわしい品種改良や肥料の与え方を提供しなければならないということだった。

奇跡のイネを開発して「緑の革命」をリードしたフィリピンの国際稲研究所（ＩＲＲＩ）は、この教訓を生かし、１９７６年以降、大きく方針転換した。すなわち、高収量品種による多収主義を改め、イネの姿を草丈の低さにこだわらず、多様な姿にして各地域の環境や技術水準などさまざまな条件にも適用できる新品種育成を目指すようになった。

化学肥料が食料増産に対して大きな役割を果たしたのは確かである。これからも農地に養分を供給できれば、食料増産も持続するだろう。しかし、化学肥料には弱点があった。それは原料となる鉱物の採掘利用によって化学肥料を生産する限り、資源の枯渇は現在の化石燃料と同じように、確実にいずれやってくることだ。以下、リン、カリウム、そして窒素の順に、資源枯渇の問題を見てみる。

化学肥料の最大の弱点――原料となる資源の枯渇

①リン――産出国の寡占化で供給に不安

化学肥料は、動物の骨粉を硫酸処理して過リン酸石灰（過石）を製造するところから始まった。硫酸処理で水に溶けやすくなった骨粉中のリンは、作物の増収効果が大きかった。そのため、肥料原料になる動物の骨が貴重な商品となった。イギリスではこの骨が不足がちになり、ヨーロッパ中の屠畜場（屠殺場）から肉処理後の家畜の骨が大量に集められた。それだけでなく、戦場で倒れた兵士の骨まで利用されるにいたった[15]。その後、19世紀の後半にアメリカのフロリダやカロライナでリン鉱石が発見され、リン肥料の原料の主役が骨から鉱石へと入れ替わった。

現在利用されているリン鉱石の存在場所は地球上で大きく偏っている。２０２１年の世界のリン鉱石埋蔵量は７１０億ｔ[16]。その70％もの量がモロッコに埋蔵されている。一方、リン鉱石の産出量は年間２億２０００万ｔ。中国が世界最大の産出国で世界の産出量の39％を占める。続いてモロッコ、アメリカで、中国を含めた3カ国で全産出量の66％に達する。

リン鉱石は再生不可能な鉱物資源である。そのため、採掘が進めば、当然、枯渇するリスクがある。しかも、各国は食料安全保障への危機感から食料のための作付け面積と施肥量を増加させている。これにより、肥料全般の需要が高まっている。リンもその例外ではない。リンの需要のピークは

２０４０年ころと推定され、それ以降は、需要が供給を上回ると想定されている。この需要に対して、どう供給していくかが課題である。リン鉱石の需要量、リン含有率や鉱石の採掘コストといった条件で推定すると、リン鉱石資源は早くて30年、長期に見積もっても３００年で枯渇するといわれている[17]。しかも、高品位リン鉱石の採掘はかなり進んでいることから、今後は低品位のリン鉱石を利用せざるを得ない。

ところが、その低品位リン鉱石にはカドミウム、ヒ素などの重金属や、ラジウム、トリウムといった放射性物質が不純物として含まれていることが多い。この場合、採掘によって周辺環境が汚染される懸念がある。それだけでなく、リン鉱石に不純物として含まれるカドミウムは、化学肥料が使用される慣行農産物のカドミウム含量を、化学肥料を使用しない有機農産物よりも高めているという[18]。また採掘後のリンの抽出コストがかさみ、価格上昇は避けられない。

②カリウム―森林消滅の危機を救ったカリ鉱石の発見

カリウムの養分源は森林を燃やした後の灰、すなわち、ポタッシから始まった。ポタッシはポットとアッシの合成語で、壺（ポット）で植物を燃やした灰（アッシ）に水を加えてかき混ぜ、その上澄み液を煮詰めてカリウムを取り出したことに由来する。このカリウムを含むカリ鉱石が、ドイツ中部シュタッスフルトの岩塩層の深部で見つけられたのが１８６０年だった[19]。

カリウムは肥料としてというよりも火薬製造のための原料として必要な資材だった。ポタッシが窒素肥料の原料でもあったチリ硝石から、火薬の原料となる硝石（チリ硝石のナトリウムをカリウムに置き換えたもの）をつくるときに用いられていたからである。ナポレオン戦争（１８０３～１８１５）のころ、フランスは火薬製造に積極的にポタッシを利用していた。もし、19世紀の半ばにカリ鉱石が発見されなかったら、火薬製造に必要なポタッシ生産のために森林が伐採され、ヨーロッパの森林は壊滅状態になっていたかもしれない。カリ鉱石の発見が、まさにヨーロッパの森林消滅の危機を救ったといえる。

カリ鉱石が肥料の原料として注目されるようになったのは、シュプレンゲルやリービヒがカリウムの肥料成分として重要であると指摘した1840年以降で、火薬原料向けから、次第に肥料製造向けに移行していった。

その後もドイツは、第一次世界大戦でフランスとの国境に近いアルザス地方の鉱床を失うまで、ヨーロッパで唯一のカリウム生産国だった。現在のドイツの産出量は、2021年の世界のカリ鉱石産出量4600万tのうちの5%、世界第5位になっている[16)]。現在は、世界のカリ鉱石産出量のうち30%をカナダが、20%をロシアが、17%をベラルーシが、13%を中国がそれぞれ産出しており、この4カ国だけで世界の80%が産出されている。カリ鉱石が地球上で偏在するのは、リン鉱石の場合とまったく同様である。

カリウム資源の埋蔵量は、2015年以降カリ鉱石としてではなく、カリウム（K_2O）相当量としての値で35億tと公表されている。この資源埋蔵量も産出国と同様の4カ国で世界の74%を占めている。カリ鉱石のカリウム（K_2O）相当量割合をおよそ20%とみなすと（注7）、鉱石換算量で175億tになる。この推定量を現在のカリ鉱石産出量で採掘すると仮定すると、耐用年数はおよそ380年となる。しかし、先のリン鉱石の場合と同様に、採掘の経済性が次第に悪化することや鉱石中のカリウム含有率などの問題で、産出効率の低下は避けられない。リン鉱石と同様、資源の枯渇はいずれ確実にやってくる。

③窒素──肥料原料は鉱物資源から空中窒素へ

窒素肥料の鉱物由来の資材は、硝酸ナトリウムを主成分とするチリ硝石が最初だった。すでに述べたように、当初は肥料としてよりも、火薬原料としての需要が先行した。１８０９年に、当時スペイン植民地ペルー領でチリ硝石の豊富な鉱床が発見された。その後、１８３０年代には後にチリ領となった鉱床からチリ硝石がヨーロッパへ送りこまれた。また１８４０年代になると、ペルーから窒素やリンを含むグアノが、ヨーロッパへ輸出された。産業革命で人口が増え、食料増産による需要が高まったからである。このグアノの採掘はまさに乱掘であった。１８５１年から１９２２年までの72年間に１０００万ｔ以上のグアノがペルー沖の島々から採掘された。ある島では採掘によって島の高さが33ｍも低下したという[20)]。

天然資源であるチリ硝石やグアノの急速な需要の拡大は、早くも19世紀の末に資源枯渇の心配を招いた。１８９８年、イギリス学術協会の会長になったクルックス（１８３２〜１９１９、イギリスの化学者・物理学者）はその就任演説で、「世界のコムギの生産は、栽培する土地の養分不足、さらには耕地面積拡大の限界などからみて、適当な窒素肥料を与えて収量を引き上げる必要がある。しかし、チリ硝石の鉱床は近い将来掘りつくされるだろう。この時、最も注目すべきは無限にある空気中の窒素である。この窒素を植物に利用できるように変え、肥料にすることは科学者の双肩にかかる重大でかつ緊急の課題である」と訴えた[21)]。

この演説に触発され、空気中の窒素ガスを工業的に肥料原料にするための研究が急速に進んだ。それを可能にしたのがドイツで開発されたアンモニア合成の方法、ハーバー・ボッシュ法であった。１９０９年、ドイツのハーバー（１８６８〜１９３４）がオスミウムという物質を触媒にして空気中の窒素ガスに水素ガスを、高温高圧（５５０℃、１７５気圧）の条件下で直接反応させることに成功し、アンモニアを生成させた。続いてボッシュ（1874～1940）はBASF社（ドイツ最大の化学工業の会社）でハーバーが開発した方法を大型化して工業化に成功した。その会社で合成アンモニアの生産が始まったのは1913年、第一次世界大戦の1年前であった。ハーバーはこの業績で1918年に（注8）、ボッシュは高圧化学の業績で1931年にノーベル化学賞を受賞した。

この発明は、「空気からパンをつくった」といわれるほどの大きな成果だった。パンの原料であるコムギ、その栽培に必要な窒素肥料の原料となるアンモニアを空気中の窒素ガスから合成し、コムギの増産を可能にしたからである。環境、エネルギー、食料、人口、経済などの広範囲な分野の公共政策に詳しいスミルは、その著書[22]で「20世紀最大の発明は、飛行機、原子力、宇宙飛行、テレビ、コンピュータではなく、アンモニア合成の工業化である。これなくして、1900年から2000年までの100年間に、人口が16億人から60億人まで増加することはなかった」とまで指摘している。

空気中の窒素ガスからのアンモニア合成は、作物生産に最も重要な窒素資源の安定性を確保することに成功したことであり、きわめて重要な意味がある。さらに、アンモニア合成に続いて工業化された硫酸アンモニア（硫安）製造業は、それを支える電力業、石炭業などと結びついて重化学工業推進の原動力となった。しかし、その一方でアンモニア合成の成功は、戦争とも結びついていく。生成したアンモニアを硝酸にする工業用の触媒をこれまたBASF社が発見し、火薬原料として重要な合成硝酸の製造開始につながった。これによってドイツ軍は弾薬と肥料の確保ができたため、ドイツの戦力維持につながり、第一次世界大戦の長期化をもたらした。アンモニア合成の光と影である。

こうして窒素肥料の原料は、鉱物資源から空気中の窒素ガスに移った。リンやカリウムが鉱物資源だけに依存して肥料となるのに対して、窒素は空気中にあって無尽蔵の窒素ガスを原料としたため、原料の枯渇に不安要素がなくなった。

とはいえ、やはりこのアンモニア合成法にも課題がある。それは、この反応には高温高圧という条件があること、窒素ガスと反応させるための水素ガスは、重油、原油、コークスガス、天然ガス、ナフサなどに含まれる炭化水素を高温分解して製造されることなど、膨大なエネルギーを必要とすることである。こうしたエネルギー消費は、全人類が消費するエネルギーの数％以上にもなっているとの指摘もある。[23] さらに、それだけのエネルギーを消費するにも関わらず、アンモニアとして合成できる割合が30％程度と少ないことも無視できない。使用するエネルギーは化石燃料に由来しており、これは有限な資源である。現在、常温常圧の温和な反応条件でも高いアンモニア合成率を可能とする、触媒の研究が集中して取り組まれている。その成果に期待したい。しかし、それが可能となったとしても、有限資源である化石燃料をエネルギー源として使用する限り、アンモニア合成を永遠に続けることはできない。

3 原料を輸入に頼るわが国の化学肥料生産の弱点

わが国の化学肥料産業の特徴は、窒素肥料の尿素、リン肥料のリン安（リン酸アンモニウム）、カリウム肥料の塩化カリウムなどを原料として輸入し、これら原料を混合した複合肥料や、原料に化学的操作を加えて化成肥料（肥料粒子に養分が複数含まれる）を生産することにある。その理由は、窒素肥料の製造に必要な化石燃料（石油、天然ガス、石炭など）や、リンとカリウムの肥料原材料である鉱物資源（リンやカリウムの鉱石）を国内に持たないわが国では、肥料原材料から肥料を生産するとコストが割高となってしまうからである。したがって、わが国の化学肥料の生産や価格は、海外の政治・経済情勢に大きく影響される。これが、わが国の化学肥料の生産や供給における弱点である。

2020年に新型コロナウイルスのまん延が世界的大流行（パンデミック）となると、食料の国際的な融通が難しくなることを想定して、世界各国が自国生産の食料確保に努めるようになった。その影響で肥料需要が高まり、肥料原料の国際相場が上昇し始めた。それに加えてエネルギー需要も高まり価格が高騰。これらの影響で肥料生産コストが急上昇した。しかも、世界最大の肥料生産国で、なおかつ世界第2位の肥料輸出国でもある中国が、2021年10月から化学肥料の輸出規制に踏み切った。その結果、中国からの肥料輸出量は激減した。さらに世界第2位の肥料生産国で、世界最大の輸出国であるロシアが、2021年12月から中国と同様に、肥料の輸出に割り当て制を導入して輸出規制が広まった。

とどめは、2022年2月24日に始まったロシアによるウクライナ侵攻である。ウクライナを支援するために、わが国を含む西側諸国はロシアとロシアの侵攻を支援するベラルーシに対し、厳しい経済制裁の実施を決めた。ベラルーシもロシアと同様、肥料の生産と輸出の大国である。このロシアとベラルーシへの経済制裁の実施によって、両国からの肥料輸出が困難となり、国際市場での品薄感が強まった。こうしたさまざまな要因が重なりあって、わが国の肥料製造や肥料価格は危機的状況におちいった。もともと、わが国の化学肥料原料の輸入は、限られた国に依存する弱みがあった。たとえば、窒素とリンは中国に、カリウムはロシアやベラルーシに大きく依存していた。ロシアのウクライナ侵攻にともなう経済制裁で、これらの国からの輸入が激減し、肥料原料の調達が難しくなってしまった。

こうしてエネルギーの高騰、肥料の輸出規制とそれにともなう国際価格相場の上昇、さらには為替市場での円安などが、わが国の化学肥料価格にはねかえっている。全農（全国農業協同組合連合会）は、2022年の6月から10月に販売する肥料価格を、2021年11月から2022年5月までの価格に対して、輸入される尿素は94％、塩化カリウムは80％、「高度化成肥料」は55％、それぞれ引き上げることを発表した。いずれも過去最大の価格上昇で、農家への打撃ははかりしれない。それはつまり、肥料資源をほとんど保有せず、輸入に頼るわが国の化学肥料のまさに弱点そのものである。ロシアのウクライナ侵攻がそのことを教えてくれている。

4　堆肥や化学肥料の弱点を補強する基本——養分循環型農業

化学肥料が登場する19世紀までの養分源は、堆肥を中心とする有機質肥料だった。この有機質肥料を安定して生産し、養分供給を十分満足させるには、堆肥原料としての家畜ふん尿の確保や家畜の飼料となる植物資源が必要で、そのためには飼料を生産する土地が必要になる。これが堆肥利用での弱点だった。一方の化学肥料は、こうした土地の制約を解放することに成功した。しかも化学肥料は、堆肥づくりやそれを畑に与える労働を大幅に省力化した。一定の重さに対する養分の量（養分含有率）は、化学肥料のほうが堆肥よりも数十倍から百倍近く多い。それゆえ、化学肥料は少量で多量の養分を土地に与えることができる。これは、堆肥にはない大きなメリットである。

しかし、その化学肥料のリンやカリウムには、原料となる再生不可能な鉱物資源を必要とし、窒素の原料となるアンモニア合成には大量の化石燃料が必要である。つまり、化学肥料は有限の資源を原料に製造されており、将来、資源の枯渇という弱点がある。わが国には、それ以前に、原料としての肥料調達に不安要素がある。いずれにしても、化学肥料を永遠に使い続けられるという保証はない。

農地に与えられた養分は、どれも有限の資源である。それが決定的な弱点なのだ。その弱点を補完するには、有機とか慣行とかの農業形態に関わらず、使用した養分を、たとえば農地外での未利用資源の有機物や緑肥、さらに収穫残渣などの堆肥化で可能な限り回収し、農地に再利用するという養分循環に基づく農業、すなわち養分循環型農業に戻る以外にない。それが、この地球の人口を養うための食料生産を維持する基本的な農業の姿だろう。

注1　テンサイとは砂糖ダイコンともいわれる根菜類である。根に糖分を蓄積するため、わが国では貴重な甘味資源として北海道だけで栽培されている。

注2　有機JAS認証を取得している農地と、有機JAS認証を取得していないが有機農業をおこなっている農地の合計面積。

注3　わが国で日常的な仕事として自営農業を営む人は、2021年で130万2000人（推定値）、このうち65歳以上が91％で、平均年齢は67・9歳である。[24]

注4　わが国の肥料取締法には化学肥料という名称はない。肥料は1つの養分だけを含む単肥と、2種類以上の養分を含む複合肥料に区分されている。複合肥料のうち、複数の原料を化学的に加工したり、混合したりした後、成形される肥料を化成肥料という。

注5　高収量品種とは、肥料養分を多く与えてもコムギが倒れることがないように、草丈が低く、しかも光合成に有利なように、葉が直立する性質を持つように改良された品種である。この草丈を低くする遺伝子は、わが国のコムギ品種農林10号が持っていた遺伝子に由来する。

注6　コムギの高収量品種を生み出し、緑の革命を世界に普及させて増産に貢献したことが評価されて、アメリカのボーローグ（1914～2009）が1970年のノーベル平和賞を受賞した。

注7　アメリカ地質調査所の埋蔵量についてのデータは、回収可能なカリウム鉱石量とそのカリウム（K_2O）相当の埋蔵量が記載されている。この両者から鉱石に含まれるK_2O相当割合を求めたところ、およそ20％だった。

注8　1918年のノーベル化学賞は、当初該当者なしと発表された。これは、ハーバーが第一次世界大戦の戦時下のドイツで毒ガス研究を進め、実際の軍事作戦で毒ガスを使用したことに大きな批判があったためである。しかし、翌年になって改めて受賞条件を満たすと認定され、時をさかのぼり、正式に1918年の化学賞受賞者として認定された。

6章

誰もが安心して食べていくために

3章のコラム（90ページ）で紹介した稲作に取り組む農家の、じつに細やかで膨大な作業を知るにつけ、有機農業も慣行農業も、人が生きていくために欠かせない食べものを生産することにかわりないのに、両者が分断されるのは本当に不幸だと思う。有機農業と慣行農業の分断の垣根をなくし、この日本という国で生活している私たち誰もが、安心して食べて健康に暮らしていくために何をすればいいのか、それを本書のまとめとして最後に考えてみたい。

1 有機農業へのこだわりと農業の多様性

有機農業を強く支持される皆さんは、「安心で安全な農産物は有機農業でしか生産されない」としばしば指摘される。マスメディアもそのような論調が多い。しかし、それを裏づける科学的根拠は十分ではない。これは、本書の2章と4章で詳しく述べた事実から、理解していただけるだろう。

たとえば、作物は自身が吸収する養分を、堆肥などの有機質肥料に由来する養分か、化学肥料に由来する養分か区別して吸収してはいない。作物体内に吸収された養分が、体内で作物に必要な物質につくりかえられる時にも、その養分の由来を問わない（2章）。つまり、作物の側は自分の栄養素がどの資材に由来しているかをまったく不問にしている。こだわっているのは、私たち人間だけだ。

とくに化学肥料に対する批判、たとえば、農民文学で活躍した薄井は、その著書『土は呼吸する』で「（わが国の農業は）化学肥料の多用→地力低下→作物の病虫害に対する抵抗性の低下→農薬多用→公害農産物の生産、という図式を歩んできたという事実がそれです。こうした農法を『死の農法』と呼ぶこともありますが、『死の農法』への道程を築いたのが、リービッヒの『無機栄養説』です」と指摘している。[1)] しかし、この表現はあまりに単純化し、過激すぎる。リービヒは、むしろ土の養分を消費するだけの「略奪農業」では食料供給に持続性がないと強く批判し、土の肥沃度を維持するために、農地での養分循環を重視した。彼は養分循環で土の肥沃度を守った江戸時代の日本の農業をほめたたえている（3章4節）。少なくとも「死の農法」への道程を築いたりはしていない。この薄井の指摘に似た化学肥料批判もある。[2,3] しかし、いずれも人への不安感情を高める効果があったとしても、その指摘を裏づける科学的根拠に乏しい。

ローザムステッド農試でおこなわれている１８０年も続く化学肥料と堆肥の肥料的効果を比較する試験の結果を冷静に見つめれば、化学肥料それ自身が作物生産に悪影響を与えることがないのは明らかである（5章2節、図29）。化学肥料は植物の栄養分であって、毒物ではない。化学肥料で作物生産に悪影響を与えるとすれば、それは、化学肥料を不適切に乱用する人間の問題である。

また、有機農業と慣行農業のちがいでも、両者で生産された農産物に栄養面で大きなちがいを認めることができない（4章）。そうであるなら、農産物を有機栽培されたか慣行栽培されたかで区別する必要はどこにあるのだろうか。

人の体質というのはまさに多様、いろいろである。化学物質に特別に反応することのない人もいれば、逆に過敏な人もいる。化学物質に過敏な人には、ご自身が安心して食べ、自分の命を守っていくために、農薬のような化学合成物質に触れる機会の少ない有機農産物が必要になる（注1）。化学物質に過敏でなくても、ご自身が慣行農産物に安心できなければ、有機農産物がやはり必要になる。いずれも「安心」という感情の問題であり、それは個人の判断に委ねなければならない。科学的根拠があるかどうかの問題ではない。食べものに対する「安心」を担保するという意味で、有機農業が存続する意味は大きい。

その他にも、自分自身の生き方や環境保全への関心、食べものに対する倫理感など、さまざまなこだわりを含めた消費のあり方に基づいて有機農産物を積極的に選択する人もいる。そのような人にも有機農業は重要である。

しかし、わが国の有機農産物の栽培面積は、２０１８年の調査で２万３７００ha、全農地面積４４２万haのわずか０・５％にすぎない[4]。つまり、国産農産物の大部分は慣行農業で生産されている。それが日常なのだ。そして、その慣行農産物が大多数の国民の食と命を守っている。国産の食料生産を主体的に担っているのは、まさに慣行農業である。したがって、慣行農業にはわが国の基幹農業としての大きな役割があり、有機農業にはその代替農業としての役割がある。

生物の多様性が重要であるのと同じように、農業にも多様性があってよいだろう。有機農業も慣行農業も、両者の役割を認めあい、これまでどおり、ともに国民のために食べものの生産を継続する必要がある。少なくとも、両者が敵対関係にあるかのような「有機農業だけが絶対である」との思い込みを拭い去ってほしい。今、慣行農業をなくせば日本は食料危機におちいる。

2　フェアトレードの精神——有機農業を支援するために

フェアトレードとは、開発途上国の原料や製品を適正な価格で継続的に購入することで、弱い立場にある現地の生産者や労働者の生活改善と自立を目指した貿易のしくみのことである[5]。私たちは「豊かで便利な生活」を送るために、開発途上国の弱い立場の人たちの労働力を搾取し、その国の資源を収奪することで生産物の生産コストを低く抑え、安価な製品にして輸入している[6]。それをやめて、適正な価格で取引しようという活動である。

この精神は、国産の食料品価格に対しても適用できるはずだ。すなわち、有機農産物は慣行農産物に比べて大変な労力をかけて生産される。また、一般的に生産物の収量は有機農業のほうが低い。しかも、4章4節で述べたように、有機農産物は形が不揃いだとか、買うことができる時期や時間が限定されるというような特性がある。したがって、有機農業を営む農家を持続的に支援するには、有機農産物の特性をよく理解したうえで、地域支援型農業（注2）や慣行農産物よりも高価格での取引が必要になる。有機農業を支援する消費者であれば、これを認めてくれるだろう。

3 国民の誰もが安心して食べられる社会をつくるのは国の役割

有機農産物の適正価格が高価だとすれば、別の大きな心配がある。それは、現在の状況で、自分の命を守るために有機農産物を選択するには経済的な裕福さが求められることである。つまり、有機農産物は主に富裕層向けの食べものになってしまう。

ところがわが国の貧困率（注3）は16％、およそ6人に1人が貧困状態にある[7]。これは、先進7カ国（G7）の中で最も高い。とくに、子供がいる現役世代（世帯主が18歳以上65歳未満）のうち、一人親世帯の貧困率は48％と高い[8]。対象世帯のおよそ半分が貧困世帯ということだ。わが国の貧困ライン（注3）は年収127万円であるから、貧困世帯で高価な有機農産物を購入するというのはかなり厳しい。貧困世帯の人であっても、特別に化学物質に過敏な体質のため、慣行農産物を安心して食べることができないのなら、有機農産物が必要である。このような人には、有機農産物を確実に届けるための行政サービスの整備が必要である。有機農産物が富裕層だけの食べものとなってしまってはならない。

裕福であろうとなかろうと、食への関心が強くても弱くても、誰もが安全な食べものを食べられるようにするのは国の大切な仕事である。「みどりの食料システム戦略」のような2050年までに有機農業を100万haまで増やすという現実離れした政策を打ち出すことが無意味だとは思わない。しかしそれ以上に、食べたいものも食べられず、栄養のことよりも、価格の安い食べものしか食べられない生活を余儀なくされている人、そんな社会的弱者を守る具体的な政策を提示し実行するのが国の最優先課題ではないだろうか。

4 慣行農産物の適正価格――「安ければよい」のか

慣行農産物にも適正な価格という考え方が重要だと思う。現在の消費者の間では「安ければよい」という風潮がある。貧困率の高いわが国で、そのような風潮ができやすいのは理解できる。しかし、農産物の価格が本当にそれでよいのだろうか。

たとえば牛乳である。慣行農業を営む酪農場で生産された生乳（せいにゅう）（乳牛から搾り取った生の乳）が原料の1L紙パック牛乳（生乳を均質化して加熱殺菌したもの）は、近くのスーパーなら200円内外で購入できる。ところがこの牛乳1Lの価格は、ミネラルウォータ1L（500mLのペットボトル2本）より安価なのだ。酪農家が毎日朝と夕方、搾乳して生産する栄養満点の生乳が水よりも安い、そんな奇妙なことがあっていいのだろうか。2022年2月24日に始まったロシアのウクライナ侵略の影響で、乳牛の輸入濃厚飼料の価格が高騰しても、牛乳の価格が水よりも安い状況を維持しなければならないのなら、酪農場の経営は成り立たない。

「モノにはまっとうな価格がある」という農民作家の山下の主張は大きな意味がある。[9] とくに食べものについて、消費者が安ければよいという価値観を持ち続ける限り、開発途上国に生産コストを押しつけて、安価な食品を輸入するという現状を変えることは難しい。したがって、安価な輸入農産物に国産品は太刀打ちできない。「安ければよい」というのではなく、労働に対する正当な価値に意味を見つけたい。有機農産物や慣行農産物の「まっとうな価格」とはどれくらいなのか、それを明確にする必要がある。これは、何も農産物に限ったことではない。

5　食品ロスと食生活――食べものへの倫理観

わが国の食料自給率は38%にすぎない。私たちの体の健康を支えるエネルギーの60%以上は外国の農地で生産された食料に由来している。そんな国で生活しているにも関わらず、まだ食べることができるのにさまざまな理由で廃棄されている食品（食品ロスという）が2020年の推計で522万tもある。[10] この量は食品ロスの推計を始めた2012年から最も少ない量であった。しかしそれでも、国民の年間1人当たり約41kgの食品ロスである。これは、年間1人当たりコメの消費量約53kgにほぼ匹敵する。しかも主食用に生産されるイネの収穫量が723万tであるから、食品ロスはその72%にも相当する莫大な量である。

FAO（国連食糧農業機関）によれば世界で9億を超える人が深刻な食料不安にある。[11] そんな世界で、しかも私たちの食料を輸入に頼っているというのに、こんなにも食品ロスを出していることを知ると、私たちは食べもののことをどのように思っているのかと考えさせられる。

本書では、食べものを生産するために農家がどれほどの手間ひまをかけているのか、それを3章のコラムで詳しく述べた。それだけでなく、私たちがスーパーで肉をたやすく入手できるようにするために、生きた牛や豚、鶏の命を奪い、精肉にするまでにどれほどの人の労働が関わっているのか、そういう食べものの背景にあることを想像して欲しい。スーパーで買う食べものには、そこにいたるま

図32　オーストリア西部の有機放牧酪農場

イルドニング近郊のソルンネル（Thornner）牧場にて。牛はシンメンタール種という乳肉兼用種

での多くの人の思いが込められている。

また、有機農業であれ慣行農業であれ、それぞれの栽培方法で生産された農産物は、調理されて初めて私たちの口に入る。どんなに優れた有機栽培の食べものを用いていても、調理段階で塩分を強くした料理を毎日食べ続ければ健康に悪い影響がでるだろう。どんなに栄養的に優れた有機農産物でも、それだけしか食べない生活を続けるとやはり健康に良くないはずだ。

どんな食べものをどのようにして食べるのか、それは一人ひとりが考えることだ。さまざまな情報源から得た情報で、いろいろな「思い込み」がつくられているだろう。その思い込みに科学的根拠があるのかどうかも吟味する必要がある。健康食品ブームに便乗してお金儲けをしたい人もたくさんいる。そういう人を助けているのが、食べものに対する「思い込み」である。本書がその「思い込み」を払い去るのに役立てるなら嬉しい。

今から20年も前のことだが、オーストリア西部、イルドニング近郊の傾斜のきつい山地の牧草地で、シンメンタール種という乳肉兼用牛を放牧して有機酪農を実践する酪農場を、地元の研究者と訪問したことがある【図32】。その時、偶然、街に住む主婦がその酪農場の生乳を買い求めに来たのだ。街のスーパーに行けば安価なパック牛乳が販売されている。それにもかかわらず、この有機酪農場の生乳が欲しいということだった。なぜわざわざそうするのかと尋ねてみた。彼女は、環境を汚すことなく、大切な地元の山地の自然景観を保全しながら酪農を続けてくれているこの農場を支えるには、ここで生乳を購入して飲用することが一番だと思うからだとのことだった。お金の問題ではないという彼女の価値観、心意気に感動したのをはっきり覚えている。

確かに経済的な余裕がなければ、自分の食をどうするかということは考えにくい。余裕がなくては、どんなものを食べようかと選択する余地はないだろう。しかし、お金に余裕がなくても、「思い込み」に頼らず自分自身で正しい情報を集め、自分の頭で考え、どんな食べものをどのようにして食べるのか、そういうことを考えることができる生活者が、この日本という国に増えてほしい。まずは、私自身がそういう生活者になりたい。お金さえあれば、いつでもどこでも食べものが手に入るというのが、今の日本である。しかし、それが未来まで確実だという保証はない。わが国の政府には口先だけでなく、本気で食料自給率向上の政策を打ち出し、実行して欲しいと願うばかりだ。化学肥料と農薬を使う慣行農業は悪で、有機農業が善だという国民受けをねらうだけとしか思えない政策では、国民の命と生活を守る農業の豊かさを発展させることはできない。

注1　化学肥料には化学という文字がついている。しかし、基本的に農薬のような化学合成物質ではない。自然界にある鉱石や大気中の窒素ガスを原料にして、それらを化学的に処理加工して製造される資材である。

注2　地域支援型農業は、CSA（Community Supported Agriculture の頭文字）ともいわれる。消費者が生産農家と契約を結び、前もって代金を支払うことでその農家の会員となり、生産物を農家から定期的に受け取ることで農家を支援しようという農業のことである。

注3　貧困率とは、世帯収入が貧困ライン（それぞれの国で世帯収入の中央値の50％）に満たない人の全人口に対する割合である[8)]。

おわりに

アフガニスタンの不毛の沙漠に水を導いて緑の大地に変え、そこに住む人々の生活を安定させた中村哲医師らの活動をご存知の方も多いだろう。中村医師がパキスタンのペシャワールに赴任したのは1984年。ハンセン病の治療に当たった。ところが2000年春、中央アジア全体が大干ばつにさらされた。この大干ばつでアフガニスタンの人口の半分以上、1200万人が被災し、400万人が飢餓線上、100万人が餓死をさまよう状態におちいった。若い母親がわが子を抱き、彼の診療所を目指して何日もかけて歩いた。幼児が生きてたどり着いても、外来で待つ間にわが子が胸の中で死亡し、途方にくれる母親の姿は珍しくなかった。こうした状況に接し、中村氏は「薬があっても水や食料がなければ命を救えない」との信念から、慣れない農業土木工事の陣頭指揮をとる決心をした。そして、アフガニスタンに全長25kmの用水路を整備し、住民65万人の生活を復活させた。

残念なことに、その中村医師は武装グループの凶弾に倒れ、天に召された。2019年12月4日だった。彼の無念は計り知れない。彼の活動は、それまで物心両面で彼の活動を支えていたペシャワール会とPMS（平和医療団・日本）が、この重大事件にひるむことなく継続させている。

人の生命を守るために最も重要なものは、食べものと水。その重要性を改めて私たちに教えてくれたのが、中村医師らの活動である。農業はその食べものを生産する。人の命に直結する重要な産業である。その農業に、有機だ、慣行だと双方を批判しあう議論は、いささか悲しい。

有機農業は、単に化学肥料や農薬を使わないというだけの農業ではない。土や自然生態系、人々の健康を持続させる農業である。それは、地域の自然生態系の営みや生物多様性と循環に根ざし、これに悪影響をおよぼす投入物の使用を避けておこなわれる。したがって、農地で栽培しようとする作物だけを優先的に生育させるわけにいかない。有機農業の農地では、栽培目的外の植物（慣行農業では雑草という）も、農地に入り込む動物も、皆がその場で互いにそれぞれを認めあい、譲りあって生活しあう必要があるからだ。その結果、その農地から生産される農産物の生産量が、慣行農業の農地のように栽培目的の作物を優先的に栽培する場合より少なくなるのは致し方ない。

産業革命以前のように地球の人口が10億人未満の時代は、農業は今でいう有機農業だけしかなく、その生産物で人の食べものを満たすことができた。しかし、現在、その8倍以上の人が、同じ地球上で生活している。地球上の限られた農地で、80億人を超える人の食べものを生産するには、必然的に単位農地面積当たりの作物生産を高め、多収を求めないわけにはいかない。そのためには、慣行農業のように、農地で目的とする作物を優先的に生育させる、そのような栽培環境を整えることも必要になる。人もまた多様である。自身の健康を維持するうえで、慣行農産物を受け入れられない人もいる。そのような人には有機農産物がなくてはならない。

有機農業と慣行農業、それぞれに人の食べものを生産するという大切な役割がある、農業にも、そのような多様性が認められてよいのではないか。慣行農業を実践している農家が、有機農業を営む農家に対して、肩身の狭い思いを持つような社会でありたくない。本書がそのために生かされることを、切に願っている。

２０２３年２月

松中照夫

（図表の出典）

図2　山根一郎ら『農業にとって土とは何か』p98，農文協 1972

図3　Bingham, J. ら『Wheat-Yesterday, today and tomorrow』，p6，Plant Breeding International and Institute of Plant Science Research，1991

図4　テーヤ，A・相川哲夫訳，『合理的農業の原理』上巻，口絵，農文協 2007；シュプレンゲル・Jungk, A, Journal of Plant Nutrition and Soil Science，Vol.172，p633，2009；リービヒ・吉田武彦訳『化学の農業および生理学への応用』表紙，北海道大学出版会 2007

図6　青木淳一『だれでもできるやさしい土壌動物のしらべかた』p88，合同出版 2005

図8　Reece, J.B.ら・池内昌彦ら訳『キャンベル生物学　原書9版』p910，丸善出版 2013

図9　藤原 徹『植物栄養学 第2版』間藤 徹ら編，p41，文永堂出版 2010

図10　平沢 正『作物生産生理学の基礎』平沢 正ら編著，p140，農文協 2016

図11　渡部敏裕『園芸学の基礎』鈴木正彦編著，p112，農文協 2012

図16　大羽 裕ら『土壌生成分類学』p65，養賢堂 1988

図19　加用信文『日本農法論』p8-9，御茶の水書房 1972

図29　Rothamsted Research（2017）Broadbalk mean long-term winter wheat yields. Rothamsted Research

図31　荏開津典生『「飢餓」と「飽食」』p28-29，講談社 1994；FAO(2022) FAOSTATのサイトから；国連速報値（2022）国際連合広報センターのサイトから

表1　松中照夫『新版 土壌学の基礎』p132，農文協 2018

表3　Dangour, A.ら（2009a）Comparison of composition (nutrients and other substances) of organically and conventionally produced foodstuffs: a systematic review of the available literature, Report for the Food Standards Agency. p19

3) テーヤ, A.・相川哲夫訳 (2007)『合理的農業の原理 上巻』p283-318, 農文協
4) 西尾道徳 (2019)『検証 有機農業』p344-347, 農文協
5) 農林水産省 (2016)「有機農業を含む環境に配慮した農産物に関する意識・意向調査」(農水省サイトより)
6) 農林水産省 (2021)「みどりの食料システム戦略」(農水省のサイトより)
7) 農林水産省(2021)「有機農業の推進について(令和3年3月3日実践拠点連携セミナー)」(農水省サイトより)
8) ロデール, J.・赤堀香苗訳 (1993)『黄金の土』p134-140, 酪農学園
9) Russell, E. W. (1973)『Soil Conditions and Plant Growth』10th ed., p219-222, Longman
10) 国連人口基金 (2011) 世界人口白書-2011, 第1章, p2 (同基金のサイトより)
11) 国際連合広報センター (2022) プレスリリース, 22-047-J, 8月18日 (同センターサイトより)
12) 国際連合広報センター (2019) プレスリリース, 19-047-J, 7月2日 (同センターサイトより)
13) ジョージ, S.・小南祐一郎・谷口真里子訳 (1984)『なぜ世界の半分が飢えるのか』p15, 朝日新聞社
14) シヴァ, V.・浜谷喜美子訳 (1997)『緑の革命とその暴力』p34-35, 日本経済評論社
15) 高橋英一 (2007) 日本土壌肥料学雑誌, 78, 97-102
16) アメリカ地質調査所 (United State Geological Survey) (2022) Mineral Commodity Summaries 2022 (同調査所サイトより)
17) Cordell, D.ら (2013) Agronomy, 3, 86-116
18) Barański, M.ら (2014) British Journal of Nutrition, 112, 794-811
19) 高橋英一 (2004)『肥料になった鉱物の物語』p77-94, 研成社
20) 前掲『肥料になった鉱物の物語』p15-49
21) 前掲『肥料になった鉱物の物語』p51-76
22) Smil, V. (2001) Enriching the earth: Fritz Haber, Carl Bosch, and the transformation of world food production. p.xiii, The MIT press.
23) 芦田裕也ら (2022) 東京大学工学系研究科プレスリリース, 12月2日 (同研究科サイトより)
24) 農林水産省 (2022)「農業労働力に関する統計」(農水省のサイトより)

6章 誰もが安心して食べていくために

1) 薄井 清 (1976) 現代の博物誌 (土)『土は呼吸する』p174, 社会思想社
2) 有吉佐和子 (1975)『複合汚染 (上)』p243-246, 新潮社
3) ロデール, J.・赤堀香苗訳 (1993)『黄金の土』p134-140, 酪農学園
4) 農林水産省(2021)「有機農業の推進について(令和3年3月3日実践拠点連携セミナー)」(農水省サイトより)
5) フェアトレード・ジャパン (2022)「フェアトレードとは」(フェアトレード・ジャパンサイトより)
6) 斎藤幸平 (2020)『人新世の「資本論」』p27-37, 集英社
7) OECD (2022) OECD DATA, Poverty rate (OECDサイトより)
8) 厚生労働省 (2019)「各種世帯の所得等の状況」(厚労省サイトより)
9) 山下惣一 (2001)『安ければ、それでいいのか!?』山下惣一編著, p191-218, コモンズ
10) 農林水産省 (2022)「食品ロス及びリサイクルをめぐる情勢 (令和5年1月実践拠点連携セミナー)」(農水省サイトより)
11) FAO (2022) Suite of Food Security Indications (FAOのサイトより)

11）高橋英一（1991）『肥料の来た道帰る道』p43-55，研成社
12）リービヒ・吉田武彦訳（2007）『化学の農業および生理学への応用』p71-72，北海道大学出版会
13）宇沢弘文（2000）『社会的共通資本』p1-10，岩波書店
14）Jensen, C. R.ら（1967）Soil Science，103，23-29
15）三俣延子（2010）社会経済史学，76，247-269

4章　農業を有機農業と慣行農業に分断しない

1）西尾道徳（2019）『検証 有機農業』p3，農文協
2）前掲『検証 有機農業』p70-71およびp82
3）IFOAM（2021）「Definition of Organic Agriculture（和訳）」（IFOAMサイトより）
4）IFOAM（2021）「The Four Principles of Organic Agriculture（和訳）」（IFOAMサイトより）
5）農林水産省（2022）「有機農産物の日本農林規格（最終改正 令和4年9月22日）」（農水省サイトより）
6）前掲『検証 有機農業』p87-90
7）前掲『検証 有機農業』p149-305
8）前掲『検証 有機農業』p149-189
9）前掲『検証 有機農業』p281-305
10）Badgley, C.ら（2007）Renewable agriculture and food systems，22，86-108
11）De Ponti, T.ら（2012）Agricultural systems，108，1-9
12）Seufert, V.ら（2012）Nature，485，229-232
13）前掲『検証 有機農業』p191-280
14）Dangour, A.ら（2009a）Comparison of composition (nutrients and other substances) of organically and conventionally produced foodstuffs: a systematic review of the available literature, Report for the Food Standards Agency. p1-31 and Appendix 1-15
15）Dangour, A.ら（2009b）Comparison of putative health effects of organically and conventionally produced foodstuffs: a systematic review, Report for the Food Standards Agency, p1-37 and Appendix 1-5
16）Smith-Spangler, C.ら（2012）Annals of Internal Medicine，157，348-366
17）前掲『検証 有機農業』p203－208
18）FSA（2009）Agency emphasizes validity of organic review（FSAのサイトより）
https://webarchive.nationalarchives.gov.uk/ukgwa/20120412022709/http://www.food.gov.uk/news/newsarchive/2009/aug/letter
19）前掲『検証 有機農業』p210-211およびp220
20）Orsini, F.ら（2016）Scientia Horticulturae，208，131-139
21）Barański, M.ら（2014）British Journal of Nutrition，112，794-811
22）Newbold, T. ら（2015）Nature，520（7545），45-50
23）Katayama, N.ら（2019）Journal of Applied Ecology，56，1970-1981
24）Crawley M. J.ら（2005）The American Naturalist，165，No. 2，179-192
25）Silvertown, J.ら（2006）Journal of Ecology，94，801-814
26）前掲『検証 有機農業』p72-73およびp339-341

5章　有機農業と慣行農業－それぞれの養分源の弱点

1）McClean, S. P.（1991）Journal of Royal Agricultural Society of England，152，159-167
2）Rayns, F. ら（1948）Journal of Royal Agricultural Society of England，109，128-139

引用文献

（本文および注）

1章　そのお話は思い込み？

1）松中照夫（2013）『土は土である』p13-90，農文協
2）株式会社アレフ（2022）会社案内（同社サイトより）
3）えこりん村（2022）世界一の「とまとの森」（同村サイトより）
4）牛乳乳製品健康科学会議（2007）記者発表配布資料（同会議サイトより）
5）ロスリング，H.ら・上杉周作ら訳（2019）『ファクトフルネス』p20-23，日経BP社
6）内山葉子（2017）『パンと牛乳は今すぐやめなさい！』p94-113，マキノ出版
7）黒澤酉蔵（1974）『健土健民新論』p9-10，酪農学園
8）山下惣一（1998）『身土不二の探究』p192-200，創森社
9）高橋久仁子（2003）『「食べもの神話」の落とし穴』p161-165，講談社
10）前掲『ファクトフルネス』p129-160
11）カーネマン，D.・村井章子訳（2014）『ファスト＆スロー（下）』p261-274，早川書房
12）北海道新聞（2013a）桧山の自然と生きる（3回連載），2013年7月23日～25日朝刊
13）北海道新聞（2013b）マンション育ち 野菜出荷，2013年4月24日朝刊
14）農林水産省（2021）「有機農業の推進について（令和3年3月3日実践拠点連携セミナー）」（農水省サイトより）
15）くらしごと（2019）せたな町，映画「そらのレストラン」のモデル（くらしごとサイトより）
16）前掲『ファクトフルネス』p28-60
17）野口憲一（2022）『「やりがい搾取」の農業論』p60-61，新潮社
18）長谷川眞理子（2022）社会はアップデートされぬ，北海道新聞，2022年10月13日朝刊

2章　作物の養分とその吸収・利用－有機農業と慣行農業、何かちがうのか

1）高橋英一（1982）『作物栄養の基礎知識』p8-10，農文協
2）Arnon, D. I.ら（1939）Plant Physiology，14，371-375
3）平沢 正（2016）『作物生産生理学の基礎』平沢 正ら編著，p137-140，農文協
4）野副朋子ら（2014）化学と生物，52，15-21
5）Wang, M.ら（2014）International review of cell and molecular biology，310 (1)，1-37
6）竹林松二（1987）化学と教育，35，332-336
7）Takagi, S.（1976）Soil Science and Plant Nutrition，22，423-433

3章　食べものが生産される場としての土

1）陽 捷行（1994）『土壌圏と大気圏』p26，朝倉書店
2）モントゴメリー，D.・片岡夏実訳（2010）『土の文明史』p30，築地書館
3）タッジ C.・竹内久美子訳（2002）『農業は人類の原罪である』p34-50，新潮社
4）ポンティング，C.・石 弘之／京都大学環境史研究会訳（1994）『緑の世界史』p65-74，朝日新聞社
5）岡島秀夫（1976）『土壌肥沃度論』p28-33，農文協
6）吉田昌一（1961）『土壌肥料講座1』小西千賀三ら編，p21-40，朝倉書店
7）渡辺 厳（1981）日本土壌肥料学雑誌，52，455-464
8）Bingham, J.ら（1991）Wheat-Yesterday, Today and Tomorrow, p5-9, Plant Breeding International and Institute of Plant Science Research
9）飯沼二郎（1967）『農業革命論』p74-139，未来社
10）NHK（2021）第25回 産業革命と社会問題（「NHK高校講座」のサイトより）

著者略歴

松中照夫（まつなか てるお）

酪農学園大学名誉教授・農学博士（北海道大学）。1948年生まれ。1971年北海道大学卒業後、農学部助手（農芸化学科土壌学講座）。1972年南根室地区農業改良普及所で農業改良普及員。1976年から北海道立根釧・北見・天北の各農業試験場にて、土壌肥沃度と作物生育の研究に従事。この間1991～92年イギリス・ノーフォークに長期研修派遣留学。1995年から酪農学園大学農食環境学群循環農学類土壌作物栄養学研究室にて、土壌肥沃度と作物栄養に関する教育と研究に取り組む。2013年日本草地学会賞受賞。2014年退職。

主な著書：『新版 土壌学の基礎』（単著，農文協）、『草地学の基礎』（共著，農文協）、『土は土である』（単著，農文協）、『酪農家のための土づくり講座』（編著，酪農学園大学エクステンションセンター）、『循環型酪農へのアプローチ』（共編著，同左）ほか多数

有機農業と慣行農業
――土と作物からみる

2023年6月5日　第1刷発行

著者　松中 照夫

発行所　一般社団法人 農山漁村文化協会
郵便番号　335-0022　埼玉県戸田市上戸田2丁目2-2
電話　048(233)9351(営業)　048(233)9355(編集)
FAX　048(299)2812　　振替　00120-3-144478
URL　https://www.ruralnet.or.jp/

ISBN978-4-540-21104-1　DTP制作／㈱農文協プロダクション
印刷／㈱新協
製本／根本製本㈱
定価はカバーに表示